钢框架柱耐火稳定性数值分析

史可贞 著

化学工业出版社

·北京·

本书内容包括：绪论、火（热）作用、钢框架构件温度场计算、温度应力计算与钢柱耐火稳定性判据、钢框架柱耐火稳定性评估系统、钢柱耐火稳定性评估案例分析。书中基于大量试验研究所获得的温度应力三段式计算模型推广应用于双向框架结构的评估与计算，突破了传统弹性力学分析方法和计算机模拟分析方法的局限性，希望对我国钢结构耐火性能的评估能够起到一定的推动作用。

本书主要供从事钢结构耐火设计与评估的相关人员参考使用。

图书在版编目（CIP）数据

钢框架柱耐火稳定性数值分析/史可贞著. —北京：
化学工业出版社，2017.7
ISBN 978-7-122-30500-8

Ⅰ.①钢…　Ⅱ.①史…　Ⅲ.①钢梁-框架梁-耐火性-
数值分析　Ⅳ.①TU398

中国版本图书馆 CIP 数据核字（2017）第 209190 号

责任编辑：张双进　　　　　　　　装帧设计：韩　飞
责任校对：宋　夏

出版发行：化学工业出版社（北京市东城区青年湖南街 13 号　邮政编码 100011）
印　　装：大厂聚鑫印刷有限责任公司
710mm×1000mm　1/16　印张 9½　字数 181 千字　　2017 年 7 月北京第 1 版第 1 次印刷

购书咨询：010-64518888（传真：010-64519686）　售后服务：010-64518899
网　　址：http://www.cip.com.cn
凡购买本书，如有缺损质量问题，本社销售中心负责调换。

定　价：49.00 元　　　　　　　　　　　　　　版权所有　违者必究

前言

钢材的特点是强度高、自重轻、延性、抗震性能好、施工周期短，所以以钢材作为主要结构构件的钢结构建筑具有优异的结构性能和经济上的优势，已越来越多地应用于工业与民用建筑中。随着经济的快速发展及钢结构建筑在我国的普及推广，我国建成了一大批大跨度及高层钢结构建筑，如国家体育场鸟巢、水立方、上海环球金融中心和新中央电视台等。

钢结构虽有许多优点，但耐火性能差是其最大的弱点。钢材虽是不燃材料，但却不耐火。理论分析及试验结果表明，钢结构耐火性差的主要原因有：①在火灾高温作用下，由于其内部晶格结构发生变化，强度、弹性模量等基本力学性能随温度升高降低明显；②钢构件多为薄壁状，截面系数大，从火场吸收热量多，火灾中升温快；③钢材的导热系数大，截面上温度均匀分布，火更容易损伤其内部材料。一般说来，未加保护的裸露钢结构在火灾中 15～20min 内即会发生倒塌破坏，造成较大人员伤亡或财产损失。钢结构在火灾中被烧塌的事故早已不胜枚举。1998 年北京玉泉营家具城发生火灾，造成该建筑物整体倒塌。2003 年青岛市的正大食品厂钢结构厂房发生特大火灾，造成厂房大面积倒塌，造成重大损失。1990 年英国一幢多层钢结构建筑在施工阶段发生火灾，造成钢梁、钢柱和楼盖钢桁架的严重破坏。2001年 9 月 11 日，恐怖分子劫持满载燃油的民航客机撞击美国纽约世贸中心双塔大楼，造成大楼承重的钢结构筒体的保护层被破坏，在爆炸和强烈的高温作用下，结构内框架钢柱强度迅速下降并坍塌，造成 3000 余人死亡或失踪，经济损失无法估计。因此，在钢结构建筑被日益广泛应用的同时，对钢结构抗火性能的研究已经成为工程界的热点问题。

钢结构往往为超静定结构。超静定结构各杆件在受到不均匀温度作用下将产生不均匀膨胀，但由于存在多余约束，膨胀较大的构件受到与之相连的构件的约束，该构件将会产生温度内力，而在其截面上会产生温度应力，从而增加荷载效应。也就是说，结构在受温度作用过程中，不但自身抗力在下降，而且结构本身由于温度应力的产生还会有一个自加载过程，使得施加在结构上的荷载增大。目前，对于钢结构由于温升的原因所引起的结构抗力下降的研究已经较为完善，而对于温度应力所引起的结构自加载研究还远远不够。正确评估钢结构在火灾时的荷载效应亦即温度内力是耐火设计的核心热点问题。目前，钢结构抗火设计规范中引入温度内力参与荷载效应组合已成为明确的发展方向。比较先进的欧洲钢结构规范虽明确规定温度应力应参与组合，但并未给出温度应力的具体计算方法。我国《建筑钢结构防火技术规范》（CECS 200:2006）和《有色金属工程设计防火规范》（GB 50630—2010）对温度应力计算基于弹性分析方法，而钢材在高温作用条件下具有较强的弹塑性，弹性法必然过高地估计了温度应力。采用非线性分析方法可考虑钢材的弹塑性性质，但现有分析方法均采用恒温加载材料模型，与钢结构实际热-力路径不符。

本书中，作者主要利用所在课题组通过大量试验研究所获得的温度应力三段式计算模型，并将其推广应用于双向框架结构的评估与计算，以钢框架柱及其周围构件组成的子结构为对象，引入有色金属冶炼厂房炉料热辐射和民用建筑一般室内火灾两种热作用，根据传热学和力学基本原理，考察钢框架中柱的耐火稳定性。突破了传统弹性力学分析方法和计算机模拟分析方法的局限性，希望对我国钢结构耐火性能的评估能够起到一定的推动作用。

本书在撰写过程中，得到了中国人民武装警察部队学院屈立军教授的大力支持和帮助，在此表示衷心的感谢。

由于水平和知识有限，书中不妥之处，衷心希望广大读者批评指正，多提宝贵意见。

作者
2017 年 6 月

目录

| CONTENTS |

第一章 绪论 001
第一节 火灾及其危害 001
第二节 火灾对钢结构的危害 004
第三节 钢结构耐火设计 007
一、 我国现行规范中钢结构耐火设计方法 007
二、 规范采用方法存在的不足 012
三、 较为先进的耐火设计方法 014
第四节 温度应力的研究现状 015
一、 温度应力在钢结构耐火设计与评估中
    的重要性 015
二、 温度应力研究现状 017

第二章 火（热）作用 023
第一节 民用建筑一般室内火灾 023
一、 建筑火灾的发展与蔓延 023
二、 民用建筑一般室内火灾轰燃后的火灾
    温度计算模型 025
第二节 有色冶炼厂房炉料热作用 034

第三章 钢框架构件温度场计算 037
第一节 传热学基本原理 037
一、 热传导 037
二、 热对流 038
三、 热辐射 038
第二节 民用建筑一般室内轰燃火作用下钢
    框架温度计算模型 038
一、 各国规范中钢构件温升计算模型 038
二、 实际火灾作用下的钢构件温度计算模型 040
第三节 炉料热作用下框架钢柱温度计算
    模型 041
一、 Ⅰ类设置形式 H 型钢柱温度计算模型 044
二、 Ⅱ类设置形式 H 型钢柱温度计算模型 046
三、 方矩管钢柱温度计算模型 049
四、 平均温度与最高温度 051
第四节 炉料热作用下框架梁温度计算模型 053

第四章　温度应力计算与钢柱耐火稳定性
　　　　判据 056

第一节　轴向约束钢柱温度应力试验简介 056

一、　试验设备 057

二、　试件参数 058

三、　温度测量 058

四、　初始应力水平 059

五、　约束刚度 059

六、　试验过程 060

第二节　试验结果与影响因素分析 060

一、　试验结果 060

二、　温度应力影响因素分析 064

第三节　试验总结的轴心约束钢构件温度应
　　　　力计算函数介绍 065

一、　温度应力计算函数的回归 065

二、　误差分析 066

三、　稳定性分析 067

四、　温度应力函数全貌 068

五、　计算结果对比 068

第四节　温度应力计算函数的分段叠加法 070

第五节　轴向约束作用下钢柱温度应力计算
　　　　模型 073

一、　柱轴向约束刚度 073

二、　温度应力的虚拟双轴对称计算方法 076

第六节　相邻梁水平推力作用下钢柱温度应
　　　　力计算模型 079

一、　钢梁两端轴向约束刚度 079

二、　温度应力计算模型 079

第七节　截面温差作用下钢柱温度应力计算
　　　　模型 080

第八节　目标柱的总温度应力 081

第九节　钢柱耐火稳定性判据 082

第五章　钢框架柱耐火稳定性评估系统 084

第一节　系统功能与分析模型 084

第二节　系统分析步骤与结构 085

一、　分析步骤 085

二、 计算程序框图 086

三、 系统调试 091

第三节 系统基本操作 091

一、 系统的安装与卸载 091

二、 进入系统 094

三、 数据输入与计算 095

四、 耐火稳定性判据 104

五、 改善钢柱耐火稳定性的技术措施 104

第四节 系统参数说明 105

一、 计算程序数据输入说明 105

二、 炉料相关参数说明 105

三、 一般室内火灾相关参数说明 106

四、 构件保护相关参数定义 108

五、 框架相关参数定义 109

六、 系统输出结果说明 110

第六章 钢柱耐火稳定性评估案例分析 111

第一节 有色炉料热作用下六层框架柱的耐
火稳定性计算 111

一、 工程概况 111

二、 系统分析过程 112

三、 计算结果分析 121

第二节 一般室内火灾框架柱耐火稳定性
计算 125

一、 工程概况 125

二、 系统分析过程 125

三、 计算结果分析 130

第三节 系统构件温度计算分析 133

一、 炉料热作用下钢构件温度 133

二、 一般室内火灾作用下构件温度 136

第四节 系统轴向约束温度应力计算分析 138

参考文献 142

第一章
绪　论

第一节　火灾及其危害

　　火的使用是人类的伟大创举之一，它曾经是人类文明的重要象征，并在社会进步中起着无法估量的重要作用。因为利用了火人们才吃上了熟食，改变了茹毛饮血动物般的生活，使人的大脑逐渐发达。火的应用，极大地推动了科学技术的发展。最初，火被用于酿造、制陶；稍后，火又被用于冶炼；到了 19 世纪，由火提供动力的蒸汽机的发明和广泛使用，促进了近代工业和资本主义的发展；直到今日，现代科技高度发达，但不论是人们的衣食住行，还是工农业生产的发展，都离不开火。总之，人类文明是伴随着火的应用而发展的。可以说，没有火的利用，就没有今天的物质文明和精神文明。一部人类文明的进步史，就是一部人类的用火史。然而，世界上的一切事物都是一分为二的，火虽然给人类带来了文明，但其一旦失去控制，又会危及生命财产和自然资源，给人类带来灾难。这种在时间和空间上失去控制的火所造成的灾害就是火灾，它是各种灾害中发生最频繁且极具毁灭性的灾害之一。一般而言，社会越发展，物质越丰富，火灾发生的频率和造成的损失就越大。火灾造成的损失在我国和世界均呈上升趋势。

　　火灾每年要夺走成千上万人的生命和健康，造成数以亿计的经济损失。据统计，全世界每年的火灾经济损失可达整个社会生产总值的 0.2%，我国 20 世纪 50 年代平均火灾直接经济损失为 0.5 亿元，60 年代为 1.5 亿元，70 年代为 2.5 亿元，80 年代为 3.2 亿元，90 年代为 10.0 亿元，进入 21 世纪，火灾损失更为严重。表 1-1 列出了 1950～2015 年期间我国的火灾情况。

表 1-1　1950～2015 年期间我国的火灾情况

年份	起数	直接损失/万元	死亡/人	伤/人	年份	起数	直接损失/万元	死亡/人	伤/人
1950	19692	1778.8	908	1873	1956	89680	6141.9	3408	14454
1951	19740	4420.1	754	2526	1957	75579	5818.2	2929	9742
1952	36585	7321.3	741	2967	1958	73315	8173.9	5310	11352
1953	37766	8077.2	1180	4292	1959	114880	11616.9	10131	14617
1954	43849	3962.6	1414	2773	1960	90845	17886.3	10843	13809
1955	89703	4158.6	1865	5210	1961	103485	23009.2	6989	10597

年份	起数	直接损失/万元	死亡/人	伤/人	年份	起数	直接损失/万元	死亡/人	伤/人
1962	105064	17389.6	4990	8555	1989	24154	49125.7	1838	3195
1963	106468	16691.2	4798	8939	1990	58207	53688.6	2172	4926
1964	63301	9724.0	3441	6646	1991	45167	52158.8	2105	3771
1965	76859	9588.2	4179	8283	1992	39391	69025.7	1937	3388
1966	85377	19695.0	5386	12171	1993	38073	111658.3	2378	5937
1967	36861	6403.4	1912	4199	1994	39337	124391.0	2765	4249
1968	25940	5538.9	1114	2484	1995	37915	110315.5	2278	3838
1969	35205	9651.2	1348	3615	1996	36856	102908.5	2225	3428
1970	39925	9904.9	2167	5658	1997	140280	154140.6	2722	4930
1971	75593	30428.4	4362	12368	1998	142326	144257.3	2389	4905
1972	88417	26625.7	4629	10437	1999	179955	143394.0	2744	4572
1973	84966	22141.9	4337	9095	2000	189185	152217.3	3021	4404
1974	86614	27527.8	4348	8799	2001	216784	140326.1	2334	3781
1975	82221	21343.0	4818	8674	2002	258315	154446.4	2393	3414
1976	81634	25418.9	5673	9865	2003	253932	159088.6	2482	3087
1977	85442	33519.4	5583	8699	2004	252804	167357.0	2562	2969
1978	81667	22743.4	4046	7990	2005	235941	136603.4	2500	2508
1979	88082	23236.2	3696	6175	2006	231881	86044.0	1720	1565
1980	54333	17609.3	3043	3710	2007	163521	112515.8	1617	969
1981	50034	23130.6	2643	3480	2008	136835	182202.5	1521	743
1982	41541	18926.3	2249	2929	2009	129382	162392.4	1236	651
1983	37026	20398.0	2161	2741	2010	132497	195945.2	1205	624
1984	33618	16086.4	2085	2690	2011	125417	205743.4	1108	571
1985	34996	28421.9	2241	3543	2012	152157	217716.3	1028	575
1986	38766	32584.4	2691	4344	2013	388821	484670.2	2113	1637
1987	32053	80560.8	2411	4009	2014	395052	470234.4	1815	1513
1988	29852	35424.4	2234	3206	2015	346701	435895.3	1899	1213

　　根据国外统计，火灾间接损失是直接损失的 3 倍左右，那么，2015 年，全国约有 131 亿元财产被付之一炬。从表 1-1 可见，随着我国经济的快速发展，人口的增多，城市面积的扩大，工业生产的复杂性及易燃、易爆危险品的大量使用，火灾损失也与日俱增。

　　常见的火灾有建筑火灾，露天生产装置火灾，可燃材料堆场火灾，森林火灾，交通工具火灾等。由于人类所有活动均与建筑物有关，所以建筑火灾必然居其首位。建筑火灾发生次数最多，损失也最严重。统计表明，我国建筑火灾发生次数占总火灾次数的 80%，直接经济损失占 70%。表 1-2 列出了我国 1979～2015 年间一次死亡 30 人以上的火灾情况统计。分析表中火灾情况可知，建筑火灾所造成的危害是巨大的，应该引起人们的高度重视。

表 1-2　1979～2015 年间我国一次死亡 30 人以上的火灾情况

序号	起火日期	起火单位名称或地址	死亡/人	伤/人	直接损失/万元
1	1979 年 12 月 18 日	吉林省吉林市某液化石油气厂	32	54	539
2	1982 年 3 月 9 日	福建省某制药厂冰片车间	65	35	35
3	1985 年 1 月 18 日	上海飞往北京的某航班	38	3	280
4	1986 年 3 月 28 日	云南省安宁县某山林	56	3	
5	1986 年 4 月 11 日	山东省德州市一客车	35	17	2.4
6	1987 年 3 月 15 日	黑龙江省哈尔滨市某纺织厂	58	177	650.4
7	1987 年 4 月 15 日	内蒙古自治区某林业作业区	49	31	
8	1987 年 5 月 6 日	黑龙江省某林区	193	171	52666.1
9	1988 年 1 月 7 日	广州开往西安的某列车	34	30	16.3
10	1990 年 5 月 8 日	黑龙江省鸡西某山矿	80		567
11	1990 年 7 月 7 日	乌鲁木齐开往库尔勒市的一客车	38	13	9
12	1990 年 10 月 23 日	福建省福清县一油罐车	31	22	
13	1991 年 5 月 30 日	广东省东莞市某雨衣制造厂	72	47	116
14	1993 年 2 月 14 日	河北省唐山市某百货大楼	81	54	401.2
15	1993 年 11 月 19 日	广东省深圳市某玩具厂	84	40	260
16	1993 年 12 月 13 日	福建省福州市某纺织有限公司	61	7	600
17	1994 年 6 月 16 日	广东省珠海市某纺织城	93	156	9500
18	1994 年 11 月 27 日	辽宁省阜新市某歌舞厅	233	20	12.8
19	1994 年 21 月 8 日	新疆维吾尔自治区克拉玛依市某礼堂	325	130	210.9
20	1995 年 3 月 13 日	辽宁省鞍山某商场	35	18	866
21	1995 年 4 月 24 日	新疆维吾尔自治区乌鲁木齐市某时装城	53	6	41.6
22	1996 年 7 月 17 日	广东省深圳市某酒店	30	13	13
23	1996 年 8 月 9 日	河南省濮阳至汤阴的输油管道	43	54	1.6
24	1996 年 11 月 27 日	上海市四川中路某居民楼	36	19	178
25	1997 年 1 月 5 日	黑龙江省哈尔滨市某打火机厂	93	15	4.1
26	1997 年 1 月 29 日	湖南省长沙市某酒家	40	79	97.2
27	1997 年 2 月 12 日	广深高速公路一客车	40	6	11.2
28	1997 年 4 月 12 日	福建省晋江市某鞋厂	32	4	80.4
29	1997 年 12 月 12 日	黑龙江省哈尔滨市某酒店	31	17	61.9
30	2000 年 3 月 29 日	河南省焦作市某俱乐部	74	2	20
31	2000 年 4 月 22 日	山东省青州市某肉鸡加工车间	38	20	95.2

序号	起火日期	起火单位名称或地址	死亡/人	伤/人	直接损失/万元
32	2000 年 12 月 25 日	河南省洛阳市某商厦	309	7	275.3
33	2003 年 2 月 2 日	黑龙江省哈尔滨市某酒店	33	10	15.8
34	2004 年 2 月 15 日	吉林省吉林市某商厦	54	70	426.4
35	2004 年 2 月 15 日	浙江海宁市某村	40	3	0.1
36	2005 年 6 月 10 日	广东省汕头市某宾馆	31	28	81
37	2005 年 12 月 15 日	吉林省辽源市某医院	37	46	821.9
38	2007 年 10 月 21 日	福建省莆田市秀屿区某鞋面加工场	37	19	30.1
39	2008 年 9 月 20 日	广东省深圳市某俱乐部	44	64	27.1
40	2010 年 11 月 15 日	上海市静安区某公寓大楼	58	71	15800
41	2013 年 6 月 3 日	吉林省德惠市某禽业有限公司	121	76	18200
42	2015 年 5 月 25 日	河南省平顶山市某老年公寓	39	6	37.1

第二节　火灾对钢结构的危害

　　钢材的特点是强度高、自重轻、延性抗震性能好、施工周期短，所以以钢材作为主要结构构件的钢结构建筑具有优异的结构性能和经济上的优势。由于钢结构独特的性能，决定了它最适用于建造大跨度和超高层建筑物。同时相比其他结构的建筑，钢结构建筑对环境造成的污染很少，是环保型和可持续发展的，因此钢结构作为一种优良的建筑体系，被誉为 21 世纪的"绿色建筑"之一，是一种节能环保型、能够循环使用的建筑结构，符合发展省地节能建筑和经济持续健康发展的要求。以上种种原因致使钢结构建筑日益得到了广泛的应用。随着经济的快速发展及钢结构建筑在我国的普及推广，我国建成了一大批大跨度及高层钢结构，如国家体育场鸟巢（图 1-1）、水立方（图 1-2）、上海环球金融中心（图 1-3）、新中央电视台等（图 1-4）。

　　在充分享受钢结构建筑带给人们的舒适环境的同时，也应该清醒地认识到，钢结构自身所特有的缺点——耐热但不耐火。钢材长期经受 100℃辐射热时，性能变化不大，具有一定的耐热性能，但高温下钢材的性能会有很大的变化，当温度超过 200℃时，会出现兰脆现象，温度为 400℃的时候，钢材的屈服强度将大幅降低，温度达到 600℃时，钢材仅有非常小的强度，将丧失承载能力。而一般火场的温度为 800～1000℃，再者钢材热导率大，截面温度分布均匀，更易于损伤其内部材料，且钢构件多为薄壁状，截面系数大，所以火灾中升温非常快，耐火性能差。当钢结构建筑没有采取有效防火保护的时候，一旦发生火灾，结构很容易遭到破坏，而使得建筑坍塌造成较大人员伤亡或财产损失。如图 1-5 所示为钢构件在火灾中产生了局部屈曲。

图 1-1 鸟巢

图 1-2 水立方

图 1-3 上海环球金融中心

图 1-4 中央电视台新楼

国内外钢结构建筑在火灾中坍塌的例子很多。1998 年北京玉泉营家具城发生火灾（图 1-6），造成该建筑物整体倒塌。2006 年，比利时布鲁塞尔国际机场发生火灾，造成 4 人受伤，1 架飞机被烧毁，3 架飞机受到损坏，损失达数十亿欧元（图 1-7）。2003 年青岛市的正大食品厂钢结构厂房发生特大火灾，造成厂房大面积倒塌，造成重大损失。1990 年英国一幢多层钢结构建筑在施工阶段发生火灾，造成钢梁、钢柱和楼盖钢桁架的严重破坏。2009 年，在建的央视文化中心大楼工地发生特大火灾事故，大火燃烧将近 6h，在消防灭火过程中，1 名消防队员牺牲、多人受伤。火灾后的大楼，受烟熏区域面积达 $2.1×10^4 m^2$，其中过火区域面积约 $8490 m^2$。大火烧毁了楼内数字机房，并造成十几层中庭坍塌，造成直接经济损失约 16383 万元（图 1-8）。2001 年 9 月 11 日，恐怖分子劫持满载燃油的民航客机撞击美国纽约世贸中心双塔大楼，造成大楼承重的钢结构筒体的保护层被破坏，在爆炸和强烈的高温作用下，结构内框架钢柱强度迅速下降并坍塌（图 1-9），造成 3000 余人死亡或失踪，经济损失无法估计。由此可见，在钢结构建筑被日益广泛应用的同时，对钢结构的抗火性能的研究已经成为工程界迫切需要解决的问题。

图 1-5　火灾引起钢构件局部屈曲

图 1-6　玉泉营家具城火灾后　　　　图 1-7　布鲁塞尔国际机场火灾后坍塌

图 1-8　央视文化中心大楼火灾后　　　图 1-9　纽约世贸大厦被撞击起火

表 1-3 是一些国内外钢结构建筑物火灾案例。

表 1-3　一些国内外钢结构建筑物火灾案例

序号	结构类型	建筑名称	火灾时间	破坏情况
1	钢屋架	重庆天原化工厂	1960.2.18	20min 倒塌
2	钢屋架	上海文化广场	1969.12	15min 屋架坍塌
3	钢木结构	长春卷烟厂	1981.4.5	倒塌
4	钢梁	唐山市棉纺织厂	1986.2.8	20min 屋架坍塌
5	钢屋架	北京高压气瓶厂	1986.4.8	倒塌
6	钢屋架	江油电厂俱乐部	1987.4.21	20min 倒塌
7	钢屋架	河北张家口市某家具世界	1995 年	250m² 钢屋架倒塌
8	钢结构厂房	石家庄市某工业厂房	1998 年	完全坍塌
9	钢框架结构	山西某电厂锅炉钢构架	2007.3.8	构件严重扭曲
10	钢结构	济南市历城区某厂房	2008.9.15	坍塌
11	外立面施工脚手架	上海静安区高层住宅	2010 年	坍塌，50 人死亡
12	钢框架	陕西咸阳某电脑城	2010 年	构件局部屈曲

第三节　钢结构耐火设计

一、我国现行规范中钢结构耐火设计方法

我国现行规范《建筑设计防火规范》对钢结构耐火设计采用的方法如下。

① 根据建筑物的重要性、火灾危险性、扑救难度、用途、层数、面积等选定建筑物的耐火等级；

② 由所选耐火等级，根据规范确定相应承重构件的耐火极限；

③ 设计承重构件及保护构造方案，由标准耐火试验校准构件实有耐火极限。若构件的实有耐火极限满足规范规定的耐火极限要求，则认为耐火设计合理。否则需重新设计承重构件及保护构造方案，直至耐火极限满足规范要求。

实用中，并不是每次设计都需要进行耐火试验，《建筑设计防火规范》附录中已列出了各种构件的耐火极限，只需查对校准即可。但如果设计的构件与规范所列构件有实质性差别时，则需进行新的耐火试验。

1. 建筑物的耐火等级

建筑物的耐火等级是衡量建筑物耐火能力的尺度，依据建筑物主要构件的耐火性能进行划分。耐火等级主要反映建筑物的控火能力和耐火能力。耐火等级高的建筑物，当某房间发生火灾时，其构件较好的隔火性能可控制火灾不致蔓延到相邻房间，即控制火灾于一定的空间内，既可减小损失，又能便于扑救。

（1）民用建筑的耐火等级

民有建筑根据其建筑高度和层数分为单、多层民用建筑和高层民用建筑。

高层民用建筑根据其建筑高度、使用功能和楼层的建筑面积可分为一类和二类。民用建筑的分类应符合表1-4的规定。

表 1-4　民用建筑的分类

名称	高层民用建筑		单、多层民用建筑
	一类	二类	
住宅建筑	建筑高度大于54m的住宅建筑(包括设置商业服务网点的住宅建筑)	建筑高度大于27m,但不大于54m的住宅建筑(包括设置商业服务网点的住宅建筑)	建筑高度不大于27m的住宅建筑(包括设置商业服务网点的住宅建筑)
公共建筑	1. 建筑高度大于50m的公共建筑; 2. 建筑高度24m以上部分任一楼层建筑面积大于1000m² 的商店、展览、电信、邮政、财贸金融建筑和其他多种功能组合的建筑; 3. 医疗建筑、重要公共建筑 4. 省级以上的广播电视和防灾指挥调度建筑、网局级和省级电力调度建筑; 5. 藏书超过100万册的图书馆、书库	除一类高层公共建筑外的其他高层公共建筑	1. 建筑高度大于24m的单层公共建筑; 2. 建筑高度不大于24m的其他公共建筑

注：1. 表中未列入的建筑，其类别应根据本表类比确定。

2. 除《建筑设计防火规范》（GB 50016—2014）另有规定外，宿舍、公寓等非住宅类居住建筑的防火要求，应符合该规范中有关公共建筑的规定。

3. 除《建筑设计防火规范》（GB 50016—2014）另有规定外，裙房的防火要求应符合该规范有关高层民用建筑的规定。

民用建筑的耐火等级应根据其建筑高度、使用功能、重要性和火灾扑救难度等确定，我国《建筑设计防火规范》（GB 50016—2014）规定：地下或半地下建筑（室）和一类高层建筑的耐火等级不应低于一级；单、多层重要公共建筑和二类高层建筑的耐火等级部应低于二级。

（2）厂房的耐火等级

生产的火灾危险性应根据生产中使用或产生的物质性质及其数量等因素划分，可分为甲、乙、丙、丁、戊类，并应符合表1-5的规定。

表 1-5　生产的火灾危险性分类

生产的火灾危险性类别	使用或产生下列物质生产的火灾危险性特征
甲	1. 闪点小于28℃的液体; 2. 爆炸下限小于10%的气体; 3. 常温下能自行分解或在空气中氧化能导致迅速自燃或爆炸的物质; 4. 常温下受到水或空气中水蒸气的作用,能产生可燃气体并引起燃烧或爆炸的物质; 5. 遇酸、受热、撞击、摩擦、催化以及遇有机物或硫黄等易燃的无机物,极易引起燃烧或爆炸的强氧化剂; 6. 受撞击、摩擦或与氧化剂、有机物接触时能引起燃烧或爆炸的物质; 7. 在密闭设备内操作温度不小于物质本身自燃点的生产

续表

生产的火灾 危险性类别	使用或产生下列物质生产的火灾危险性特征
乙	1. 闪点不小于 28℃，但小于 60℃ 的液体； 2. 爆炸下限不小于 10% 的气体； 3. 不属甲类的氧化剂； 4. 不属甲类的易燃危险固体； 5. 助燃气体； 6. 能与空气形成爆炸性混合物的浮游状态的粉尘、纤维、闪点不小于 60℃ 的液体雾滴
丙	1. 闪点不小于 60℃ 的液体； 2. 可燃固体
丁	1. 对不燃烧物质进行加工，并在高温或熔化状态下经常产生强辐射热、火花或火焰的生产； 2. 利用气体、液体、固体作为燃料或将气体、液体进行燃烧作其他用的各种生产； 3. 常温下使用或加工难燃烧物质的生产
戊	常温下使用或加工难燃烧物质的生产

注：同一座厂房或厂房的任一防火分区内有不同火灾危险性生产时，厂房或防火分区内的生产火灾危险性类别应按火灾危险性较大的部分确定；当生产过程中使用或产生易燃、可燃物的量较少，不足以构成爆炸或火灾危险时，可按实际情况确定；当符合下述条件之一时，可按火灾危险性较小的部分确定：

1. 火灾危险性较大的生产部分占本层或防火分区建筑面积的比例小于 5% 或丁、戊类厂房内的油漆工段小于 10%，且发生火灾事故时不足以蔓延至其他部位或火灾危险性较大的生产部分采取了有效的防火措施；

2. 丁、戊类厂房内的油漆工段，当采用封闭喷漆工艺，封闭喷漆空间内保持负压、油漆工段设置可燃气体探测报警系统或自动抑爆系统，且油漆工段占所在防火分区建筑面积的比例不大于 20%。

我国《建筑设计防火规范》（GB 50016—2014）规定：高层厂房，甲、乙类厂房的耐火等级不应低于二级，建筑面积不大于 300m² 的独立甲、乙类单层厂房可采用三级耐火等级的建筑；单、多层丙类厂房和多层丁、戊类厂房的耐火等级不应低于三级，使用或产生丙类液体的厂房和有火花、赤热表面、明火的丁类厂房，其耐火等级均不应低于二级，当为建筑面积不大于 500m² 的单层丙类厂房或建筑面积不大于 1000m² 的单层丁类厂房时，可采用三级耐火等级的建筑；使用或储存特殊贵重的机器、仪表、仪器等设备或物品的建筑，其耐火等级不应低于二级。

（3）仓库的耐火等级

仓库建筑的耐火等级与储存物品的火灾危险性及建筑层数等因素有关。储存物品的火灾危险性应根据储存物品的性质和储存物品中的可燃物数量等因素划分，可分为甲、乙、丙、丁、戊类，并应符合表 1-6 的规定。

我国《建筑设计防火规范》（GB 50016—2014）规定：高架仓库、高层仓库、甲类仓库、多层乙类仓库和储存可燃液体的多层丙类仓库，其耐火等级不应低于二级；单层乙类仓库，单层丙类仓库，储存可燃固体的多层丙类仓库和多层丁、戊类仓库，其耐火等级不应低于三级；粮食筒仓的耐火等级不应低于二级，粮食平房仓的耐火等级不应低于三级。

表 1-6　储存物品的火灾危险性分类

储存物品的火灾危险性类别	储存物品的火灾危险性特征
甲	1. 闪点小于 28℃的液体； 2. 爆炸下限小于 10％的气体，受到水或空气中水蒸气的作用能产生爆炸下限小于 10％气体的固体物质； 3. 常温下能自行分解或在空气中氧化能导致迅速自燃或爆炸的物质； 4. 常温下受到水或空气中水蒸气的作用，能产生可燃气体并引起燃烧或爆炸的物质； 5. 遇酸、受热、撞击、摩擦以及遇有机物或硫黄等易燃的无机物，极易引起燃烧或爆炸的强氧化剂； 6. 受撞击、摩擦或与氧化剂、有机物接触时能引起燃烧或爆炸的物质
乙	1. 闪点不小于 28℃，但小于 60℃的液体； 2. 爆炸下限不小于 10％的气体； 3. 不属于甲类的氧化剂； 4. 不属于甲类的易燃固体； 5. 助燃气体； 6. 常温下与空气接触能缓慢氧化，积热不散引起自燃的物品
丙	1. 闪点不小于 60℃的液体； 2. 可燃固体
丁	难燃烧物品
戊	不燃烧物品

注：1. 同一座仓仓库火仓库的任一防火分区内储存不同火灾危险性物品时，仓库或防火分区的火灾危险性应按火灾危险性最大的物品确定。

2. 丁、戊类储存物品仓库的火灾危险性，当可燃包装重量大于物品本身重量 1/4 或可燃包装体积大于物品本身体积的 1/2 时，应按丙类确定。

2. 建筑结构构件的耐火极限

耐火极限是在标准耐火试验条件下，建筑构件、配件或结构从受到火的作用时起，至失去承载能力、完整性或隔热性时所用的时间。失去承载能力是指构件在试验中失去支持能力或抗变形能力，主要针对承重构件。失去完整性是指分隔构件（如楼板、门窗、隔墙、吊顶等）当其一面受火时，在试验中出现穿透性裂缝或穿火孔隙，火焰穿过构件使背火面可燃物起火，这时构件失去隔火作用，因而失去完整性。失去隔热性是指分隔构件失去隔绝过量热传导的性能。

根据我国《建筑设计防火规范》（GB 50016—2014），不同耐火等级的民用建筑，相应构件的燃烧性能和耐火极限不应低于表 1-7 的规定。

表 1-7　不同耐火等级民用建筑相应构件的燃烧性能和耐火极限　单位：h

构件名称		耐火等级			
		一级	二级	三级	四级
墙	防火墙	不燃性 3.00	不燃性 3.00	不燃性 3.00	不燃性 3.00

续表

构件名称		耐火等级			
		一级	二级	三级	四级
墙	承重墙	不燃性 3.00	不燃性 2.50	不燃性 2.00	难燃性 0.50
	非承重外墙	不燃性 1.00	不燃性 1.00	不燃性 0.50	可燃性
	楼梯间和前室的墙 电梯井的墙 住宅建筑单元之间 的墙和分户墙	不燃性 2.00	不燃性 2.00	不燃性 1.50	难燃性 0.50
	疏散走道两侧的隔墙	不燃性 1.00	不燃性 1.00	不燃性 0.50	难燃性 0.25
	房间隔墙	不燃性 0.75	不燃性 0.50	难燃性 0.50	难燃性 0.25
柱		不燃性 3.00	不燃性 2.50	不燃性 2.00	难燃性 0.50
梁		不燃性 2.00	不燃性 1.50	不燃性 1.00	难燃性 0.50
楼板		不燃性 1.50	不燃性 1.00	不燃性 0.50	可燃性
屋顶承重构件		不燃性 1.50	不燃性 1.00	可燃性 0.50	可燃性
疏散楼梯		不燃性 1.50	不燃性 1.00	不燃性 0.50	可燃性
吊顶(包括吊顶搁栅)		不燃性 0.25	难燃性 0.25	难燃性 0.15	可燃性

注：除《建筑设计防火规范》另有规定外，以木柱承重且墙体采用不燃材料的建筑，其耐火等级应按四级确定。住宅建筑的耐火极限和燃烧性能可按现行国家标准《住宅建筑规范》（GB 50368）的规定执行。

厂房和仓库建筑构件的燃烧性能和耐火极限，不应低于表 1-8 的规定。

表 1-8 不同耐火等级厂房和仓库建筑构件的燃烧性能和耐火极限 单位：h

构件名称		耐火等级			
		一级	二级	三级	四级
墙	防火墙	不燃性 3.00	不燃性 3.00	不燃性 3.00	不燃性 3.00
	承重墙	不燃性 3.00	不燃性 2.50	不燃性 2.00	难燃性 0.50
	楼梯间和前室的墙 电梯井的墙	不燃性 2.00	不燃性 2.00	不燃性 1.50	难燃性 0.50
	疏散走道两侧的隔墙	不燃性 1.00	不燃性 1.00	不燃性 0.50	难燃性 0.25
	非承重外墙 房间隔墙	不燃性 0.75	不燃性 0.50	难燃性 0.50	难燃性 0.25

续表

构件名称	耐火等级			
	一级	二级	三级	四级
柱	不燃性 3.00	不燃性 2.50	不燃性 2.00	难燃性 0.50
梁	不燃性 2.00	不燃性 1.50	不燃性 1.00	难燃性 0.50
楼板	不燃性 1.50	不燃性 1.00	不燃性 0.75	难燃性 0.50
屋顶承重构件	不燃性 1.50	不燃性 1.00	可燃性 0.50	可燃性
疏散楼梯	不燃性 1.50	不燃性 1.00	不燃性 0.75	可燃性
吊顶（包括吊顶搁栅）	不燃性 0.25	难燃性 0.25	难燃性 0.15	可燃性

注：二级耐火等级建筑内采用不燃材料的吊顶，其耐火极限不限。

我国《建筑设计防火规范》（GB 50016—2014）条文说明中的附录详细给出了各类建筑构件的燃烧性能和耐火极限，在结构耐火设计时只需查对校准即可。

二、规范采用方法存在的不足

规范中所述耐火设计方法虽然简单，但随着人们对火灾研究的深入和对构件火灾反应的进一步掌握，该方法逐渐暴露出一些不足之处，主要有以下几点。

1. 耐火极限要求不够合理

这主要表现在未能区分房间的火灾荷载大小差别和通风系数等具体情况，未能区别构件所受荷载的性质（活载与恒载）以及强调构件的重要性而忽略可能性。

目前，建筑物趋于功能复杂，体量大型化。同一栋建筑物的各个组成部分功能相差非常大，所以确定建筑火灾性状的火灾荷载差别也非常大。同一栋大型综合楼，完全可能包括不同类型的房间，如住宅、办公室、商场等。由于火灾荷载的差别，设计者无法选择合理的耐火等级。选择较低，无法保证安全；选择较高，又不能保证经济。由规范可知，当耐火等级确定后，所用承重构件的耐火极限依据受力特征被规定为定值，并不考虑不同房间的实际情况。当火灾荷载密度较大时，火灾轰燃后持续时间必然要长，对构件破坏损伤作用就大；当火灾荷载密度较小时，火灾轰燃后持续时间必然要短，对构件破坏损伤作用就小。同样的构件，同样的保护层，置于不同的房间，其耐火性差别非常大。当火灾荷载较小时，构件可保持稳定；当火灾荷载较大时就会失效倒塌。当火灾荷载相等时，火灾性状与房间的通风系数密切相关。当房间的通风系数较大时，火灾时空气供应充分，燃烧快，温度虽高，但持续时间短，同时从窗口散发的热量多，对构件破坏损伤作用就小；反之则大。

　　火灾时，承重构件上作用的有效荷载（重力荷载）的大小直接影响构件的耐火稳定性。当构件以"活载"为主时，如教室、会议室等，火灾时人群主动疏散（避难层和上人屋面除外），有效荷载小，构件的耐火稳定性好；当构件以"死载"为主时，如仓库、底框架商住楼等，火灾时物品不能主动疏散，有效荷载大，构件耐火稳定性差。

　　在房屋构造中，板由梁支承，而梁由柱支承。显然柱比梁重要，梁比板重要。但这种支承关系同时表明：梁的满载概率小于板，柱的满载概率小于梁，所以，在常温设计中并不提高柱和梁的可靠度。在耐火设计中，过分强调重要性而忽略可能性似乎并不妥当。

2. 构件实有耐火极限的确定方法不够科学

　　主要表现在构件的耐火极限试验都采用标准升温曲线作为受火条件，与实际不符，同时，未考虑构件约束条件的差别。

　　根据我国《建筑设计防火规范》（GB 50016—2014），构件的耐火极限是根据我国标准《建筑构件耐火试验方法》（GB/T 9978.1—2008），以标准升温曲线为受火条件试验所得。其表达式为：

$$T - T_0 = 345 \lg(8t + 1) \tag{1-1}$$

式中　　t——升温时间，min；

　　　　T——t 时刻的炉温，℃；

　　　　T_0——炉内初始温度，℃，应在 5～40℃ 范围内。

　　而实际情况下，同一建筑物完全可能包括不同类型的房间，如住宅、办公室、商场等，着火房间的火灾荷载和通风系数等参数千变万化。构件处于不同的房间环境中，火载荷载的大小、开窗面积的大小以及室内通风情况都显著影响着火灾的升温。如图 1-10 即为标准升温曲线与实测室内火灾温度曲线。两者具有明显差别。

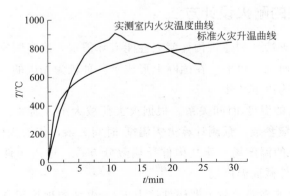

图 1-10　标准升温曲线与实测室内火灾温度曲线

　　用标准火灾升温曲线代替火灾的实际升温曲线进行构件的耐火设计很难反映

构件在实际火灾中的工作条件。

钢结构体系由若干结构构件组成，之间形成相互约束，当某构件受到火作用后，由于热膨胀受到约束就会产生温度应力，而试验很难模拟这种构件之间的相互约束作用。据研究，温度应力是钢结构在火灾中受到的最重要的作用效应之一，其准确的评估或测量，对结构在火灾中的安全设计与评估意义重大，也成为钢结构耐火设计的核心热点问题。如图 1-11 为笔者所在课题组利用所开发研制的专用设备，实测的同一规格的圆钢管柱在不同约束刚度和初始应力水平下的温度应力随温升变化曲线。

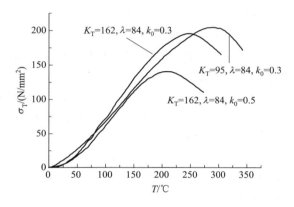

图 1-11　钢柱实测温度应力-温升曲线

因此，按照目前现行的防火规范进行设计有时失之安全，有时又失之经济。从以往发生火灾的钢结构建筑倒塌破坏的原因分析来看，耐火能力不足通常是其主要原因。因此，为提高钢结构耐火设计的可靠度，逐渐采用以工程学为基础的分析评估方法即性能化设计方法来取代传统的耐火设计方法已成为一种发展趋势。

三、较为先进的耐火设计方法

根据建筑火灾特性和建筑构件耐火性能实际需求，诸多国家对构件的耐火设计开展了深入的研究，目前，在国际上形成了一种较为先进的耐火设计方法，其大致过程主要分为以下几步。

① 确定火灾的温度-时间关系。根据火灾荷载大小、通风条件、分隔物材料热特性等火场环境参数，预测计算火灾温度-时间关系，作为构件升温曲线。

② 分析构件的温度场。建立构件导热微分方程，输入构件材料热参数和定解条件，计算构件截面温度场。

③ 计算构件的高温承载力即构件抗力 R_f。由结构理论建立构件抗力计算模型，按温度场计算结果确定相应的材料力学设计参数，计算构件抗力 R_f。

④ 确定火灾时构件可能承受的有效重力荷载。用力学分析方法计算构件在

有效荷载和温度共同作用下的荷载效应 S_f。

⑤ 比较构件抗力和荷载效应。当抗力大于荷载效应时，结构可保证稳定而不倒塌，设计结束；当抗力小于荷载效应时，结构不能保证稳定，需改变设计参数重新计算直至满足要求。设计过程如图 1-12 所示。

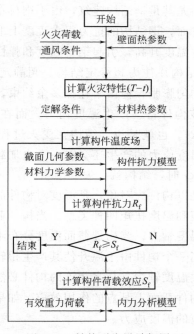

图 1-12 结构耐火设计框图

第四节 温度应力的研究现状

一、温度应力在钢结构耐火设计与评估中的重要性

由上节耐火设计过程可知，钢结构耐火设计与评估有两个核心问题：一是计算构件的高温承载力即构件抗力 R_f，另一个是计算钢结构在火灾中的荷载效应 S_f。建筑结构承受荷载作用之后，结构本身将产生内力和变形，这些由荷载引起的结构的内力与变形统称为荷载效应。当结构构件的截面尺寸和强度等级确定以后，构件截面便具有了一定的抵抗荷载效应的能力，这种抵抗荷载效应的能力就称之为结构的抗力。结构处于可靠状态的前提就是荷载效应 S_f 不超过结构的抗力 R_f，即：

$$S_f \leqslant R_f \tag{1-2}$$

钢结构在火灾中的荷载效应分为两部分，其表达式为：

$$S_f = S_0 + S_T \tag{1-3}$$

式中 S_0——钢构件在火灾时由有效重力荷载所产生的荷载效应，一般认为在火灾过程中保持不变，由结构力学分析即可；

S_T——火灾中由温升在构件中产生的温度效应，亦即温度内力（应力）。

当结构处于火灾情况下，若没有很好的防火保护措施，结构构件的温度就会随着火灾的发展而升高。尤其是钢结构建筑，由于钢材本身的特性，温度更易于影响到钢材的性能。一方面，钢结构的抗力很大程度上取决于所用钢材的强度和弹性模量。火灾下，构件温度升高，引起钢材强度和弹性模量降低，从而降低结构抗力 R_f。另一方面，结构往往为超静定结构。超静定结构各杆件在受到不均匀温度作用下将产生不均匀膨胀，但由于存在多余约束，膨胀较大的构件受到与之相连的构件的约束，该构件将会产生温度内力，而在其截面上会产生温度应力，从而增加荷载效应 R_f。也就是说，结构在受火过程中，不但自身抗力在下降，而且结构本身由于温度应力的产生还会有一个自加载过程，使得施加在结构上的荷载增大。当 $S_f > R_f$ 时，结构就会失效倒塌。

温度内力（应力）是以构件为对象，是温度对构件的作用效应，包括温度轴力、温度剪力、温度弯矩和温度扭矩四种类型。当构件截面温度均匀，轴线方向变形受到约束时，只有温度轴力；当构件截面温度分布不均匀，端部受到转动约束时会产生温度弯矩；当一个构件由于温升使其产生扭转但受到约束时将产生温度扭矩；当某个构件产生温度轴力，与之相连的构件必然产生温度剪力。

温度应力是温度对构件截面上某点的作用效应。如果构件受到温度内力，必然在其横截面上产生相应的温度应力。

在温度轴力、温度剪力、温度弯矩和温度扭矩中，温度轴力最为重要。原因如下。

① 杆系构件是由正应力控制设计，剪应力很小。

② 受扭构件应用较少，温度扭矩不起控制作用。

③ 轴心受力构件因轴力沿杆长均匀分布，通常四面受火，属于抗火脆弱构件。

框架结构：框架结构由梁柱组成，梁由弯矩形成的控制截面一般在其跨中和两端，在弯矩和温度轴力作用下，某一控制截面破坏后，形成塑性铰，产生内力重分布现象，但梁仍能保持几何不变，只有当梁形成足够多的（一般为 3 个）塑性铰时，梁由结构转化为机构，失去承载力。在火灾后期梁具有悬链线效应，比柱更为安全。框架中柱通常承受较小弯矩，可按轴心受力计算，加之中柱通常四面受火，与梁相比更为脆弱。著名的英国 Cardington 八层钢框架足尺寸火灾试验已证实柱比梁更不安全。

桁架和网架结构：大跨度屋盖系统采用桁架和网架体系，而桁架和网架体系由许多压杆和拉杆——轴心受力构件组成。轴心受力构件沿杆件通长承受相同轴力，没有内力重分布的空间，又是四面受火，在结构抗火中意义最为重要，属于结构系统中的抗火脆弱构件。

④ 温度轴力效应更大。弯矩在构件截面上一边为压应力，另一边为拉应力，总应力之和为零，而温度轴力在截面上产生均匀压应力，所以作用效应更大，构件更为危险。

综上所述，温度应力的计算与评估，对钢结构抗火安全具有重要意义，其计算取值将直接影响到结构耐火设计的可靠性与经济性。

二、温度应力研究现状

随着钢结构建筑的广泛应用以及 911 恐怖袭击等诸多钢结构建筑在火灾中倒塌案例的发生，国内外越来越多的学者和机构对钢结构耐火稳定性的研究引起了重视，做出了大量意义重大的研究工作和成果。钢结构耐火稳定性研究内容非常丰富，其中温度应力的研究当属目前核心热点问题，下面从温度应力在抗火设计规范中的作用组合现状，温度应力试验研究现状，温度应力分析计算现状三个方面进行综述。

1. 温度应力在抗火设计中的作用组合现状

所谓作用（荷载）组合就是确定构件在火灾极限状态时承受哪些荷载及其取值。

英国规范（BSI 5950）在进行火灾极限状态荷载组合时采用：

1.0（永久荷载＋仓库楼面活载＋疏散楼梯活载）＋0.8 其余区域活载＋0.33 风载，该规范不考虑温度内力。

欧洲规范 3（Eurocode3）在进行火灾极限状态荷载组合时采用：

1.0 永久荷载，（0.5～0.9）活载＋1.0 温度荷载（热膨胀引起的间接作用）。显然，欧洲规范明确考虑由于热膨胀引起的温度内力，但在实际应用中并未给出温度内力的具体计算方法。

澳大利亚钢结构规范（AS 4100）在荷载组合中没有引入温度内力。

我国《建筑钢结构防火技术规范》（CECS 200:2006）进行钢结构抗火验算时，按偶然设计状况的作用效应组合，采用下列较不利的设计表达式：

$$S_m = \gamma_0 (S_{GK} + S_{TK} + \varphi_f S_{QK}) \tag{1-4}$$

$$S_m = \gamma_0 (S_{GK} + S_{TK} + \varphi_q S_{QK} + 0.4 S_{WK}) \tag{1-5}$$

式中 S_m——作用效应组合设计值；

    S_{GK}——永久荷载标准值的效应；

    S_{TK}——火灾下结构的标准温度作用效应；

    S_{QK}——楼面和屋面活荷载标准值效应；

    S_{WK}——风荷载标准值的效应；

    φ_f——楼面或屋面活荷载的频遇值系数；

    φ_q——楼面或屋面活荷载的准永久值系数，均按现行国家标准《建筑结构荷载规范》GB50009 的规定取值；

γ_0——结构抗火重要性系数，对于耐火等级为一级的建筑取 1.15，对其他建筑取 1.05。

我国标准《有色金属工程设计防火规范》（GB 50630—2010）附录 A：《有色金属冶炼炉事故坑邻近钢柱的耐火稳定性验算》中，荷载组合采用：0.8 设计轴力＋1.0 温度轴力。

大量的试验研究和理论分析表明，在钢结构抗火设计与评估中考虑温度内力是科学合理的，但温度内力的计算较为困难。

2. 温度应力试验研究现状

20 世纪 90 年代以前，人们对钢结构抗火试验研究主要集中在单独构件（包括梁、柱、板等）上。然而在 1990 年英国 Broadgate 发生的钢结构火灾中，调查人员发现结构中的构件比单独构件具有不同的火反应，从此启发了人们对结构整体进行抗火试验研究。此后，试验研究主要集中在结构（或结构单元）的抗火试验和单一约束构件的抗火试验。

（1）钢框架结构的抗火试验

1995～1998 年，英国钢铁公司进行了著名的 Cardington 八层钢框架进行的足尺寸火灾试验，获得大量的关于整体钢结构火灾反应的资料。试验表明：当火灾发展被限制在建筑物一个区域的时候，相毗邻的区域因不受到火灾影响保持常温，因此它们将对火灾区域的结构构件产生约束作用，从而产生附加荷载。而且由于实际结构中的钢梁存在轴向约束及转动约束，其耐火性能远高于单独的简支梁。1996 年同济大学对三榀钢框架模型进行了抗火试验。框架模型为单层两跨框架，测试了钢柱，钢梁的温度分布以及测量点处的变形。董毓利教授等人进行了一系列钢框架整体结构在火灾时的破坏试验，包括单层单跨钢框架抗火性能试验研究，单层钢框架火灾行为试验研究，单室受火对双层双跨组合钢框架抗火性能的影响，同跨受火时两层两跨组合钢框架抗火性能试验研究，组合钢框架火灾时破坏机理试验研究，钢结构节点火灾下升温试验研究，钢框架边节点抗火性能试验研究，焊接钢框架边节点抗火性能试验，柔性连接钢梁火灾行为试验研究等。这些试验研究了单层单跨、两层两跨钢框架结构及其节点的火反应，在试验中测量了钢梁钢柱，组合结构的楼板以及节点的温度分布和变形。C. G. Baily 等人通过一个 $6 \times 9 m^2$ 的钢结构试验表明柱子因梁的热膨胀变形产生较大的横向位移和弯矩作用。

（2）约束钢柱的抗火试验

实际结构的抗火试验耗资巨大，但如果对钢柱施加轴向约束，试验也能充分反映其抗火性能。

国外许多学者对约束钢柱的火反应进行了大量试验研究。法国学者 J. C. Valente 和 I. C. Neves 研究了火灾中产生的轴向约束和侧向约束对钢柱耐火性能的影响，认为轴向约束降低钢柱的临界温度，而侧向约束却会提高临界温度。1997 年，Simms 进行了两组试验，共有 18 个试件，长细比均为 152，两组试件的轴向约束率分别为 0.04 和 0.27。试验目的是考察荷载水平及轴向约束对钢柱抗火性能的影响。结果发现，即便是相当小的约束率，也会大大地降低钢结构柱的失效温度。2000 年，Rodrigues 等对 168 个具有轴向约束的小尺寸受压钢杆进行了抗火试验，其长细比为 80～319，研究的参数包括长细比、偏心率及不同的约束刚度。2004 年，Tan 对 3 组不同约束率 K（$K=$ 约束梁的刚度/柱的刚度 $=0.00$、0.07、0.11）的试件进行了试验，其长细比为 55，研究结果表明，高温下钢结构柱轴向荷载的提高与轴向约束水平成比例。

国内也有许多学者对约束钢柱的火反应进行了试验研究。李晓东博士、董毓利教授、李国强教授等通过试验研究发现，对于轴心受压钢柱，限制轴向变形产生了轴向约束力，增大了钢柱所受总荷载，引起钢柱极限温度的降低。

2011 年，中国人民武装警察部队学院作者所在课题组，利用自行设计开发的温度轴力测量装置，采用恒载升温试验方法，对我国 3 个钢厂生产的 Q345（16Mn）无缝钢管所制作的试件，进行较大规模的试验研究。试验采取连续温升、设置 3 个初始应力水平、14 级约束刚度和 6 种长细比，共计 262 次试验，揭示了这 4 个因素影响轴心受压约束钢管柱的温度应力的变化规律，并且依据试验数据建立了温度应力的三段式计算模型。该模型可用于估计轴心受压钢构件在火灾下的温度应力，也可推断该类构件在火灾下的临界温度。如果把该模型崁入结构分析程序，可快速、准确分析框架中柱、网架、桁架中的轴心受压构件的温度应力。

3. 温度应力分析计算现状

温度应力的计算较为复杂，目前采用两种方法：弹性（线性）方法和非线性分析方法。

目前我国所应用的 CECS 200：2006《建筑钢结构防火技术规范》中关于温度应力的计算就是采用同济大学李国强教授所提出的结构整体分析方法。该方法计算钢结构中某一构件受火升温温度应力及变形时采用等效作用力的方法。将受火构件的温度效应等效为杆端作用力，并将其作用于该杆端对应的结构节点上，然后按照常温下分析方法进行结构分析，得到该构件升温所产生的温度应力和变形。

我国现行《有色金属工程设计防火规范》（GB 50630—2010）计算钢柱温度应力的具体方法为：分别给出钢柱在本层梁和上层梁约束下温度轴力的计算方法［见式(1-10)、式(1-11)］和判定条件［见式(1-8)、式(1-9)］，按式(1-6)计算钢柱的温度应力水平：

$$\sigma_T = N_T / (A\,\varphi) \tag{1-6}$$

式中　φ——验算钢柱的稳定系数，按《钢结构设计规范》（GB 50017—2003）
　　　　取值，当 k_0 由强度控制时取 $\varphi=1.0$，当 k_0 由强轴稳定控制时取

$\varphi = \varphi_x$，当 k_0 由弱轴稳定控制时取 $\varphi = \varphi_y$；

A——验算钢柱的毛截面面积，mm^2；

N_T——验算钢柱在框架梁约束下的温度轴力，N，按式（1-7）确定：

$$N_T = N_{T1} + N_{T2} \qquad (1\text{-}7)$$

式中 N_{T1}——验算钢柱在本层框架梁约束下的温度轴力，N，按式（1-10）确定；

N_{T2}——验算钢柱在上一层框架梁约束下的温度轴力，N，按式（1-11）确定。

验算钢柱在本层和上一层框架梁约束下的温度轴力不应超过下式：

$$N_{T1max} = \sum_{n_1} \frac{1.75 k_n A_w h k_s f_y}{l_1} - 0.8 Q_1 \qquad (1\text{-}8)$$

$$N_{T2max} = \sum_{n_2} \frac{1.75 k_n A_w h k_s f_y}{l_2} - 0.8 Q_2 \qquad (1\text{-}9)$$

式中 n_1——与验算钢柱相连的本层两端支承梁数目；

n_2——与验算钢柱相连的上一层两端支承梁数目；

k_n——系数，梁与柱两端刚接取 2，一端铰接，一端刚接取 1，两端铰接取 0；当远端支承在梁上时，视为铰接；

l_1——与验算钢柱相连的本层两端支承梁的净跨度，当梁与柱设有斜撑时，取斜撑节点之间的距离，mm；

l_2——与验算钢柱相连的上一层两端支承梁的净跨度，当梁与柱设有斜撑时，取斜撑节点之间的距离，mm；

h——与验算钢柱相连的本层或上一层两端支承梁的截面高度，mm；

A_w——与验算钢柱相连的本层或上一层两端支承梁的腹板面积，mm^2；

k_s——与验算钢柱相连的本层两端支承梁钢材的屈服强度降低系数；

f_y——钢材常温的屈服强度（或屈服点），按《钢结构设计规范》（GB 50017—2003）取值，N/mm^2；

Q_1——与验算钢柱相连的本层两端支承梁在常温设计下（不计地震作用），在验算钢柱一侧的梁端剪力，N；

Q_2——与验算钢柱相连的上一层两端支承梁在常温设计下（不计地震作用），在验算钢柱一侧的梁端剪力，N；

0.8——考虑偶然组合的系数。

验算钢柱在本层框架梁约束下的温度轴力可按式（1-10）计算：

$$N_{T1} = \sum_{n_1} \frac{h_1 \alpha (T_{m1} - T_{m2})}{\dfrac{h_1}{E_{Tm} A} + \dfrac{1}{k_{T1}}} \qquad (1\text{-}10)$$

式中 k_{T1}——与验算钢柱相连的本层两端支承梁的抗剪刚度，N/mm；

h_1——验算钢柱底截面到梁顶面的高度，如果对柱底进行保护，则为未保护部分高度，mm；

T_{m1}——验算钢柱的最高平均温度，℃；

T_{m2}——与验算钢柱相连的本层两端支承梁的远端支承柱的最高平均温度，℃；

α——钢材的线膨胀系数，取 $1.2 \times 10^{-5}/℃$；

E_{Tm}——验算钢柱在其最高平均温度时的弹性模量，N/mm²。

验算钢柱在上一层框架梁约束下的温度轴力可按下式计算：

$$N_{T2} = \sum_{n_2} \frac{h_1}{\dfrac{h_1}{E_{Tm}A} + \dfrac{h_2}{EA_2} + \dfrac{1}{k_{T2}}} \left(\alpha T_{m1} - \alpha T_{m2} - \frac{N_{T1}}{E_{Tm}A} \right) \tag{1-11}$$

式中 h_2——验算钢柱上一层层高，mm；

k_{T2}——与验算钢柱相连的上一层两端支承梁的抗剪刚度，N/mm；

A_2——验算钢柱上一层的毛截面面积，mm²。

以上两种规范计算局部高温下温度轴力，《建筑钢结构防火技术规范》（CECS200：2006）考虑建筑一个区域受火，计算目标钢柱及相邻构件温升对温度应力的影响；《有色金属工程设计防火规范》（GB 50630—2010）考虑温度应力与构件所处位置，目标柱所在层梁和上层梁的约束刚度大小等因素有关。两种方法均采用弹性分析的办法，未考虑材料非线性和几何非线性，仅适用于对钢构件弹性阶段分析。由于钢材在高温下具有明显的弹塑性性质，当温度较高时必然过高地估计了构件的温度内力，过低的估计了临界温度。在考虑温度内力情况下，CECS 200：2006 计算的临界温度比试验结果平均低 48.8%。

钢结构非线性分析是一种数值计算方法。李国强教授利用 ANSYS 对耐火钢柱的抗火性能参数进行分析，发现对于长细比大于 30 的耐火钢柱，当应力比大于 0.8 时，轴压柱的抗火临界温度随长细比的增大而减小，当应力比小于或等于 0.8 时，轴压柱的抗火临界温度随长细比的增大而增大。李国强教授基于广义 clough 模型建立了高温下的钢结构单元切线刚度方程，考虑了材料非线性和几何非线性的影响，同时考虑了温度沿单元截面非均匀分布的影响，并用等效温度荷载来考虑热膨胀效应。长安大学计琳博士等对热轧槽钢柱在轴向约束下的抗火能力进行有限元分析发现，轴向约束的提高降低了高温下钢柱的极限承载力和极限温度。天津理工大学杨秀萍等人建立了钢框架结构的三维整体模型，采用有限元法对整体结构在火灾下的响应进行弹塑性分析，得到了变形及应力随时间变化的云图和内力及挠度随时间变化的曲线。赵金城教授用有限元法对局部火灾下钢框架结构进行分析，并编制了有限元程序。肖林峻等利用有限元程序 ABAQUS 研究了温度沿截面不均匀分布对钢柱附加应力的影响。研究表明温度沿截面的不均匀分布产生的附加应力和荷载作用下产生应力的叠加，将使钢柱的临界温度降低，忽略温度分布的影响，将导致不安全的后果。

非线性有限元分析方法考虑了材料非线性、温度非线性和几何非线性问题，较弹性分析方法更贴近实际情况，但是非线性方法存在以下三个弊端。

① 非线性有限元法是基于 clough 模型，其本质是把构件的弹塑性集中在杆件端部截面，对两端弯矩较大的构件如梁是可行的，但是对于轴心受压构件，其弹塑性发展主要集中在杆件中部，因而适用性较差。

② 材料模型与实际火灾热-力路径不符。该方法采用欧洲规范 3 提供的材料模型，这种材料模型是在恒温加载的热-力路径下得到的，与实际不符。对超静定钢构件，由于存在多余约束，钢构件的温升将产生温度应力，导致钢构件随温度升高而应力水平增大，亦即钢构件在火灾过程中其截面应力水平不再保持常数。所以，恒载升温试验和恒温加载试验所建立的材料模型都不适用于这种在火灾过程中具有自加载作用的超静定钢构件的抗火分析计算。根据研究，随着温度升高，热-力路径作用对钢材的力学性能影响逐渐增大。

③ 非线性有限元方法计算量太大，应用较为复杂。

第二章
火（热）作用

钢结构受火（热）作用有多种情况，其计算模型也有所不同。本章中仅介绍两种典型的火（热）作用，分别是民用建筑一般室内火灾轰燃后的火作用和有色金属冶炼厂房炉料辐射热作用。

第一节　民用建筑一般室内火灾

一次火灾的全过程通常分为初起阶段、全面发展阶段和衰减熄灭阶段。一般来说，火灾的初起阶段不会对建筑结构形成实质性破坏。火灾的全面发展阶段是指，火灾经过初起阶段一定时间后，房间顶棚下充满烟气，在某些条件下，从而导致室内绝大部分可燃物起火燃烧，使全室都着火，这种现象称为轰燃。火灾轰燃后，对建筑结构会造成不同程度的破坏，甚至使建筑结构失效倒塌。所以，研究、预测火灾轰燃后房间的温度性状，对民用建筑钢框架的耐火评估具有重大意义。本节将建立普通房间火灾轰燃后的温度-时间计算模型。

一、建筑火灾的发展与蔓延

建筑室内火灾的发展变化可分为三个阶段：即火灾的初起阶段（图 2-1 中 OA 段）、全面发展阶段（AC 段）、熄灭阶段（C 点以后）。各阶段的特点简述如下。

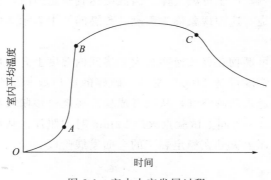

图 2-1　室内火灾发展过程

1. 初起阶段

可燃物起火后，最初只在起火点周围燃烧。当可燃物数量、种类及分布不同，房间通风条件不同，火灾可能出现以下三种情况。

① 火的可燃物烧完，并未蔓延到其他可燃物，火灾自行熄灭。当最初起火的可燃物少、热值低或孤立分布时将出现这种情况。

② 如果房间通风不足，火灾可能自行熄灭或缓慢燃烧。

③ 如果存在足够多的可燃物，通风条件良好，火灾将发展蔓延进入第二阶段。

火灾初起阶段的特点是：燃烧范围小，燃烧速度慢，室内平均温度低。所以该阶段是灭火和人员疏散的最佳时机。

图 2-2 为课题组真火试验点火后 10min 时的照片。

图 2-2　试验点火后 10min

2. 全面发展阶段

火灾经过初起阶段一定时间后，燃烧范围不断扩大、温度不断升高，其他可燃物不断进行热分解，产生可燃气体。当温度达到一定值时，从而导致室内绝大部分可燃物起火燃烧，这种现象称为轰燃。轰燃的发生表示室内火灾已进入全面发展阶段。

轰燃发生后，可燃物热释放速率很大，房间内温度上升速度也非常快，并出现持续高温。最高温度可达 1100℃左右。破碎的窗户或其他开口，其上部喷出高温烟气，而下部进入新鲜空气，从而形成稳定燃烧。该阶段的燃烧速度主要由通风条件控制。图 2-3 为同上试验点火后 22min 时的照片。从照片中可清楚看到高温烟气的流出，而火灾处在稳定燃烧的全面发展阶段。

3. 熄灭阶段

火灾进入全面发展阶段后期，可供燃烧的可燃物减少，燃料表面因炭灰覆盖而燃烧速度减小，所以温度逐渐下降。当室内温度降到其最高温度的 80% 时，则认为火灾进入熄灭阶段。当所有可燃物烧尽后，室内温度逐渐恢复到常温。

图 2-4 为同上试验点火后 44min 时的照片。显然，火灾已进入熄灭阶段。

图 2-3　试验点火后 22min

图 2-4　试验点火后 44min

二、民用建筑一般室内火灾轰燃后的火灾温度计算模型

为建立室内火灾轰燃后的温度-时间计算模型，现作如下参数定义。

（1）开口因子 F（通风系数）

$$F = \min\left[k \, \frac{\sum A_{\mathrm{w}}\sqrt{H}}{A_{\mathrm{T}}}, \frac{A_{\mathrm{V}}\sqrt{h_1}}{A_{\mathrm{T}}} \right] \tag{2-1}$$

（2）火灾荷载密度 q_{T}

$$q_{\mathrm{T}} = \frac{Q}{A_{\mathrm{T}}} \tag{2-2}$$

（3）开窗率 E

$$E = \frac{A_{\mathrm{w}}}{A_{\mathrm{T}}} \tag{2-3}$$

式中　k——系数，当下部房间开有玻璃窗，$k=0.53$，卷帘门部分开启，$k=1.0$；

A_w——开窗窗洞尺寸或卷帘门开启部分计算的面积，m^2；

H——窗洞口或卷帘门开启部分高度，m；

A_T——房间 6 壁内表面面积，包括窗口面积，m^2；

Q——室内可燃物总热值，MJ；

h_1——金属防盗网关闭状态时烟气可流过的空洞面积的总高度（如果在窗户外装有金属防盗网），m；

A_V——金属防盗网关闭状态时修正空洞面积，m^2。

当窗外装有金属防盗网，火灾时防盗网会阻碍烟气流动，对通风面积按下式修正：

$$A_V = \frac{1}{\sqrt{1+\zeta}} A_w \qquad (2-4)$$

$$\zeta = \left(\frac{A_w}{A_1} + 0.707 \frac{A_w}{A_1} \sqrt{1 - \frac{A_1}{A_w}}\right)^2 \qquad (2-5)$$

式中，A_1 为金属防盗网关闭状态时烟气可流过的空洞面积，m^2；如果在窗户外没有金属防盗网，则通风面积 A_V 取为 A_w，h_1 取 H。如果下部房间四周全装有卷帘门，无法确定卷帘门开启的尺寸，或卷帘门全部关闭（如夜间），取 $F = 0.02 m^{1/2}$。

应当注意，此处火灾荷载密度 q_T 是按房间六壁折算，而不是按地板面积折算。

为建立室内火灾的热平衡方程，由火灾实验可作如下假定：

① 轰燃后房间火灾温度平均分布；

② 室内所有内表面传热系数相同（两种以上壁面材料其热参数按面积加权平均）；

③ 所有内表面按一维传热；

④ 室内可燃物按热值相等折算成木材。

室内火灾温度取决于可燃物的放热速率和各种热损失速率。要确定室内火灾温度，必须从房间的热平衡入手。

把火灾持续时间离散化，在微小时间增量 $\Delta t = 60s$ 内，热平衡如图 2-5 所示。

由能量守恒，热平衡方程为：

$$Q_H = Q_B + Q_L + Q_w + Q_R \qquad (2-6)$$

式中　Q_H——可燃物实际放热速率；

Q_B——通过窗口辐射热损失速率；

Q_L——由窗口喷出的热烟气带走的热损失速率；

Q_{w}——房间壁面吸热速率；

Q_{R}——房间气体吸热速率，忽略。

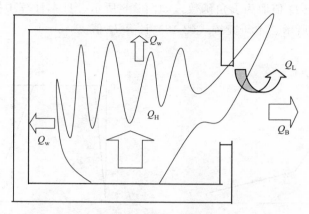

图 2-5 室内热平衡示意图

根据火灾动力学，木材燃烧时流入房间的空气量与流出的混合烟气量相等，可表达为：

$$m = \frac{2}{3} A_{\mathrm{w}} H^{1/2} C_{\mathrm{d}} \rho_0 (2g)^{\frac{1}{2}} \left[\frac{(\rho_0 - \rho_{\mathrm{F}})/\rho_0}{\left(1 + \left(\frac{\rho_0}{\rho_{\mathrm{F}}}\right)^{1/3}\right)^3} \right]^{\frac{1}{2}} \tag{2-7}$$

取常温下空气密度 $\rho_0 = 1.2\mathrm{kg/m^3}$，重力加速度 $g = 9.8\mathrm{m/s^2}$，窗洞流量系数 $C_{\mathrm{d}} = 0.7$，则燃烧产物流速（kg/s）：

$$m = 2.481 A_{\mathrm{w}} H^{\frac{1}{2}} \left[\frac{(\rho_0 - \rho_{\mathrm{F}})/\rho_0}{\left(1 + \left(\frac{\rho_0}{\rho_{\mathrm{F}}}\right)^{1/3}\right)^3} \right]^{\frac{1}{2}} \tag{2-8}$$

每 1kg 木材燃烧时所需空气为 5.7kg/kg，则木材燃烧速度为（kg 木材/s）：

$$R = \frac{m}{5.7} = 0.4353 A_{\mathrm{w}} H^{\frac{1}{2}} B \tag{2-9}$$

式中

$$B = \left[\frac{(\rho_0 - \rho_{\mathrm{F}})/\rho_0}{\left(1 + \left(\frac{\rho_0}{\rho_{\mathrm{F}}}\right)^{1/3}\right)^3} \right]^{\frac{1}{2}} \tag{2-10}$$

式中，取常温下空气密度 $\rho_0 = 1.2\mathrm{kg/m^3}$。设木材的燃烧率为 0.6，则放热量可取 10781525J/kg。

国外的研究表明，火灾中木材的燃烧释热速率为时间的函数，设燃烧系数为 D，燃料系数 k_{R} 为塑料质量与总燃料质量之比，则木材火灾的热释放速率为：

$$Q_H = 4692800D\left[\frac{40k_R + 18.4(1-k_R)}{18.4}\right]A_w H^{\frac{1}{2}}B \qquad (2\text{-}11)$$

孙金香等把 D 值取为多角函数，如图 2-6 所示。日本计算中把 D 值取为常数 1，如图 2-7 所示。本研究按式(2-12)计算 D 值。

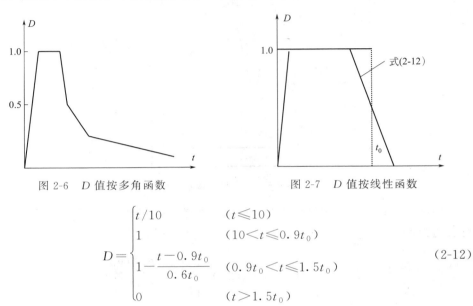

图 2-6　D 值按多角函数　　　　　　图 2-7　D 值按线性函数

$$D = \begin{cases} t/10 & (t \leqslant 10) \\ 1 & (10 < t \leqslant 0.9t_0) \\ 1 - \dfrac{t - 0.9t_0}{0.6t_0} & (0.9t_0 < t \leqslant 1.5t_0) \\ 0 & (t > 1.5t_0) \end{cases} \qquad (2\text{-}12)$$

式中　t——轰燃后火灾的持续时间，min；

　　　t_0——全部可燃物烧尽时火灾的理论持续时间，min，按式(2-13)计算：

$$t_0 = \frac{q_T}{18.4 \times 5.5F} \qquad (2\text{-}13)$$

式中　q_T——火灾荷载密度，按式(2-2)计算；

　　　F——开口因子，按式(2-1)计算，18.4 为木材的燃烧热值，MJ/kg。

密度平方根 B 中，ρ_F 为火灾烟气密度，其值见表 2-1。

表 2-1　烟气比热容 C_p 和密度 ρ_F

$T/℃$	0	100	200	300	400	500	600	700	800	900	1000	1100	1200
$C_p/[J/(kg\cdot k)]$	1042	1068	1097	1122	1151	1185	1214	1239	1264	1290	1306	1323	1340
$\rho_F/(kg/m^3)$	1.295	0.950	0.784	0.617	0.525	0.457	0.405	0.363	0.330	0.301	0.275	0.257	0.240

由窗口辐射散热速率可由斯蒂芬-玻尔兹曼定律得：

$$Q_B = A_w \varepsilon_F \sigma\left[(T_f + 273)^4 - (T_0 + 273)^4\right] \qquad (2\text{-}14)$$

式中　T_f——室内平均温度，℃；

　　　ε_F——火焰黑度，由式 $\varepsilon_F = 1 - e^{-0.3h_L}$ 确定，h_L 为火焰厚度，m；

　　　σ——辐射常数，取 $5.67 \times 10^{-8} W/(m^2 \cdot k^4)$；

T_0——室外温度，取 20℃。

则窗口辐射散热速率可表达为：

$$Q_B = 5.67 \times \varepsilon_F A_w \left[\left(\frac{T_f + 273}{100} \right)^4 - 74 \right] \tag{2-15}$$

由烟气带走的热损失速率为：

$$Q_L = m(C_F T_f - C_0 T_0) \tag{2-16}$$

取常温下空气比热容 $C_0 = 1005 \text{J}/(\text{kg} \cdot \text{K})$，室外空气温度 $T_0 = 20℃$，则

$$Q_L = 2.481 A_w H^{\frac{1}{2}} B C_F T_f - 49868 A_w H^{\frac{1}{2}} B \tag{2-17}$$

式中，C_f 为烟气比热容，按表 2-1 取值。

室内壁面吸热速率可由牛顿换热定律求出：

$$Q_w = A_h L_h (T_f - T_{1,h}) + (A_z - A_w) L_z (T_f - T_{1,z}) \tag{2-18}$$

式中　$T_{1,h}$，$T_{1,z}$——室内混凝土构件和砖墙的表面温度，℃；

A_h，A_z——室内混凝土构件和砖墙的表面面积，m^2；

L_h，L_z——室内混凝土构件和砖墙的换热系数，$\text{W}/(\text{m}^2 \cdot \text{K})$。

$$L_h = \frac{0.7\varepsilon_F \times 5.67}{T_f - T_{1,h}} \left[\left(\frac{T_f + 273}{100} \right)^4 - \left(\frac{T_{1,h} + 273}{100} \right)^4 \right] + 25 \tag{2-19}$$

$$L_z = \frac{0.7\varepsilon_F \times 5.67}{T_f - T_{1,z}} \left[\left(\frac{T_f + 273}{100} \right)^4 - \left(\frac{T_{1,z} + 273}{100} \right)^4 \right] + 25 \tag{2-20}$$

以上各式热损失速率单位为 J/s。将以上各式带入式(2-6)，整理得：

$$4692800 D k_h F B - 5.67 \varepsilon_F E \left[\left(\frac{T_f + 273}{100} \right)^4 - 74 \right] + 49868 F B$$

$$T_f = \frac{+ \dfrac{A_h}{A_T} L_h T_{1,h} + \left(\dfrac{A_z}{A_T} - E \right) L_z T_{1,z}}{2.481 F B C_F + \dfrac{A_h}{A_T} L_h + \left(\dfrac{A_z}{A_T} - E \right) L_z} \tag{2-21}$$

$$k_h = \frac{40 k_R + 18.4(1 - k_R)}{18.4} \tag{2-22}$$

要由式(2-21)计算出室内火灾温度 T_f，必须研究壁面内的导热，因式中壁面温度 T_1 未知。

取壁面坐标如图 2-8 所示，则壁面的导热微分方程及定解条件为：

$$\begin{cases} \dfrac{\partial T}{\partial t} = a \dfrac{\partial^2 T}{\partial Z^2} \\ -\lambda \dfrac{\partial T}{\partial Z} \bigg|_{Z=0} = L(T_f - T_1) \\ -\lambda \dfrac{\partial T}{\partial Z} \bigg|_{Z=h} = L_0(T_n - 20) \\ T_{t=0} = 20 \end{cases} \tag{2-23}$$

式中　T——壁面温度，℃；

　　　Z——壁面厚度坐标，m；

　　　a——壁面材料的导温系数，m^2/s；

　　　λ——壁面材料的热导率，$W/(m \cdot K)$；

　　　L_0——壁面外表面与空气的换热系数，取 $9W/(m^2 \cdot K)$；

　　　h——壁面厚度，取 0.15m；

　　　T_n——壁面外表面温度，℃。

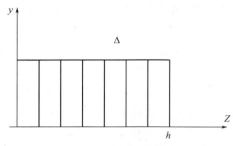

图 2-8　壁面坐标示意

混凝土的导温系数按式（2-24）计算：

$$a = \frac{\lambda}{C\rho} \tag{2-24}$$

混凝土的热导率 $[W/(m \cdot K)]$ 按以下公式计算。

① 对碳骨料混凝土

$$\lambda(T) = \begin{cases} 1.355(0 < T \leqslant 293) \\ 1.7162 - 0.001241T(T > 293) \end{cases} \tag{2-25}$$

② 对硅骨料混凝土

$$\lambda = 2 - 0.24\frac{T}{120} + 0.12\left(\frac{T}{120}\right)^2 (20℃ \leqslant T < 1200℃) \tag{2-26}$$

混凝土的比热容 $[J/(kg \cdot K)]$ 按以下公式计算。

① 对碳骨料混凝土

$$C(T) = \begin{cases} 1136.03 + 0.05T(0 \leqslant T \leqslant 570) \\ 5.32T - 1867.1(570 < T \leqslant 610) \\ 88.89T - 52846(610 < T \leqslant 690) \\ 55469 - 68.09T(690 < T \leqslant 800) \\ 5927 - 6.16T(800 < T \leqslant 880) \\ 329.1 + 0.21T(880 < T \leqslant 1000) \end{cases} \tag{2-27}$$

② 对硅骨料混凝土

$$C(T) = 900 + 80\frac{T}{120} - 4\left(\frac{T}{120}\right)^2 (20℃ \leqslant T < 1200℃) \tag{2-28}$$

混凝土的容重（kg/m³）按以下公式计算。

① 对碳骨料混凝土，

$$\rho(T) = \begin{cases} 2400 \times (1 - 0.00004T)(0 < T \leq 645) \\ 2400 \times (1.55833 - 0.0009T)(645 < T \leq 890) \\ 2400 \times (0.77254 - 0.00002T)(890 < T \leq 1000) \end{cases} \quad (2\text{-}29)$$

② 对硅骨料混凝土，

$$\rho(T) = \begin{cases} 2300 \times (1 - 0.00002T) & 0 < T \leq 450 \\ 2300 \times (1.02253 - 0.00007T) & 450 < T \leq 730 \\ 2300 \times (0.97832 - 0.00001T) & 730 < T \leq 1000 \end{cases} \quad (2\text{-}30)$$

砂浆的导温系数按下式计算。

$$a = \frac{54.4 - 0.134T + 9.93 \times 10^{-5} T^2}{36000000} \quad (2\text{-}31)$$

砂浆的热导率按下式计算。

$$\lambda = 1.16 \times (1.87 - 3.55 \times 10^{-3} T + 2.26 \times 10^{-6} T^2) \quad (2\text{-}32)$$

黏土砖的导温系数按下式计算：

$$a = \frac{0.16063 + 0.00025T}{(832.83 - 0.25T)(1 - 0.00001T) \times 1800} \quad (2\text{-}33)$$

黏土砖的热导率按下式计算：

$$\lambda = 0.16063 - 0.00025T \quad (2\text{-}34)$$

以上各式中，T 为材料温度，℃。

为把式(2-21) 与式(2-23) 联解求出室内温度，需先把式(2-23) 差分，用 Δ 等分壁面厚度，Δt 离散时间增量，则式(2-23) 可化为差分方程：

$$\begin{cases} T_{i,t+\Delta t} = \dfrac{a\Delta t}{\Delta^2}(T_{i+1,t} + T_{i-1,t}) + \left(1 - 2\dfrac{a\Delta t}{\Delta^2}\right)T_{i,t} \\[2mm] T_{1,t+\Delta t} = \dfrac{LT_f + \dfrac{\lambda}{\Delta}T_{2,t+\Delta t}}{\dfrac{\lambda}{\Delta} + L} \\[2mm] T_{n,t+\Delta t} = \dfrac{\dfrac{\lambda}{\Delta}T_{n-1,t+\Delta t} + 20L_o}{\dfrac{\lambda}{\Delta} + L_o} \\[2mm] T_{i,0} = 20 (i = 1, 2, \cdots, 16) \end{cases} \quad (2\text{-}35)$$

由于楼板、地面多为混凝土材料，墙体为砖或其他材料，分别对不同的壁面材料使用上式计算其内部及表面温度。

室内温度按下述方法和步骤计算。

① 计算出开口因子 F，火灾荷载密度 q_T，开窗率 E，混凝土壁面（楼板、

地面、外露梁、柱表面）面积 A_h 与 A_T 之比值 k_1，墙体面积 A_z 与 A_T 之比值 k_2 从窗口键盘输入。

② 用 $\Delta = 0.01\text{m}$ 分割壁面厚度为 16 个单元，定义壁面温度数组 $T_h(16)$，$T_z(16)$ 工作单元 $V_h(16)$，$V_z(16)$。

③ 输入初始温度：

$$T_{f,0} = 20, T_h(i) = T_z(i) = V_h(i) = V_z(i) = 20 (i = 1, 2, \cdots, 16)$$

④ 从 $t = 1$，2，3，$\cdots$，240min，循环计算室内温度 $T_{f,1}$，$T_{f,2}$，$\cdots$，$T_{f,240}$。

a. 计算壁面内节点温度 $T_i (i = 2, 3, \cdots, 15)$。先按各式计算壁面材料的导温系数 a，式中温度 T 取计算点处的温度。不同的壁面材料按面积加权平均，砖墙砂浆占 21%，砖占 79%。

由下式计算壁面内节点温度：

$$T_{i,t+\Delta t} = \frac{a\Delta t}{\Delta^2}(T_{i+1,t} + T_{i-1,t}) + (1 - 2\frac{a\Delta t}{\Delta^2})T_{i,t} \tag{2-36}$$

式中 $\Delta t = 60\text{s}$。对两种壁面材料分别计算。

b. 计算壁面外表面处材料的热导率 λ，式中温度 T 取计算点处的温度。不同的壁面材料按面积加权平均，砖墙砂浆占 21%，砖占 79%。

由下式计算壁面外表面点温度：

$$T_{n,t+\Delta t} = \frac{\dfrac{\lambda}{\Delta}T_{n-1,t+\Delta t} + 20L_o}{\dfrac{\lambda}{\Delta} + L_o} \tag{2-37}$$

对两种壁面材料分别计算。

c. 用迭代法（迭代 15 次）计算室内温度，将换热系数 L，壁面内表面处材料的热导率 λ，壁面内表面温度 T_1，室内温度 T_f 同时迭代，第一次 T_f 取适当值，如上一时刻的值：

$$L_{h,i} = \frac{0.7\varepsilon_F \times 5.67}{T_{f,i-1} - T_{1,h,i-1}}\left[\left(\frac{T_{f,i-1} + 273}{100}\right)^4 - \left(\frac{T_{1,h,i-1} + 273}{100}\right)^4\right] + 25 \tag{2-38}$$

$$L_{z,i} = \frac{0.7\varepsilon_F \times 5.67}{T_{f,i-1} - T_{1,z,i-1}}\left[\left(\frac{T_{f,i-1} + 273}{100}\right)^4 - \left(\frac{T_{1,z,i-1} + 273}{100}\right)^4\right] + 25 \tag{2-39}$$

$$T_{1,h,i,t+\Delta t} = \frac{L_{h,i-1}T_{f,i-1} + \dfrac{\lambda_h}{\Delta}T_{h,2,t+\Delta t}}{\dfrac{\lambda_h}{\Delta} + L_{h,i-1}} \tag{2-40}$$

$$T_{1,z,i,t+\Delta t} = \frac{L_{z,i-1}T_{f,i-1} + \dfrac{\lambda_z}{\Delta}T_{z,2,t+\Delta t}}{\dfrac{\lambda_z}{\Delta} + L_{z,i-1}} \tag{2-41}$$

$$T_{f,i}=\frac{QQ+49868FB+k_1L_{h,i-1}T_{1,h,i-1}+(k_2-E)L_{z,i-1}T_{1,z,i-1}}{2.481FBC_F+k_1L_{h,i-1}+(k_2-E)L_{z,i-1}} \quad (2\text{-}42)$$

$$QQ=4692800Dk_hFB-5.67\varepsilon_F E\left[\left(\frac{T_{f,i-1}+273}{100}\right)^4-74\right] \quad (2\text{-}43)$$

迭代 15 次后，以最终 $T_{f,15}$，$T_{1,h,15}$，$T_{1,z,15}$ 作为室内温度和壁面内表面温度。图 2-9 为墙体为加气混凝土、楼板为钢筋混凝土房间计算得到的温度-时间曲线。

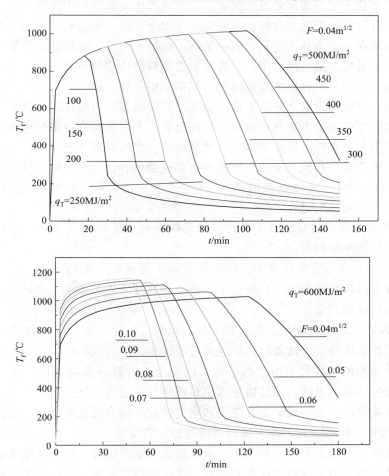

图 2-9 加气混凝土墙体、钢筋混凝土楼板房间的温度-时间曲线

以上计算方法是一种简单的单室火灾区域模型，本研究进行了一些改进，包括以下四个方面。

① 原模型不考虑房间壁面材料和热烟气的热参数随温度升高而变化，本研究把材料和烟气的热参数视为其自身温度的函数。

② 燃料的热释放速率与原模型不同，采用了研究小组所做火灾试验的均值。

③ 房间壁面材料采用混凝土与砖墙热参数的面积加权均值，考虑了不同房

间墙体面积与混凝土楼板面积比例的实际情况。

④ 考虑了热值较高的塑料与总可燃物的比例。

第二节 有色冶炼厂房炉料热作用

有色金属冶炼是指从矿石、精矿、二次资源或其他物料中提取主金属伴生元素或其化合物的物理化学过程。主要有火法冶金、湿法冶金和电冶金三类。火法冶金一般是在高温条件下进行，包括焙烧、熔炼、还原、吹炼、精炼等过程。一般在有色金属提取冶金过程中，常需要根据原料性质和对产品的要求采用两类或三类冶金方法相互配合组成提取流程，如铜、铅、锌、镍、钴多采用火法冶金制取粗金属，以电化学冶金方法制取纯金属。轻金属多采用湿法冶金方法制取纯金属化合物，以电冶金方法制取粗金属或纯金属。大多数稀有金属是以湿法冶金方法制取纯金属化合物，以火法冶金方法或电冶金方法制取纯金属。

火法冶金是在高温下从冶金原料中提取或精炼有色金属的科学技术，为温度在 700K 以上的有色金属冶金的总称。有色金属火法冶炼一般包括炉料准备、焙烧、熔炼和精炼三大过程。

① 炉料准备。将精矿或矿石，熔剂等按冶金要求配制成具有一定化学组成和物理性质的炉料的过程。

② 焙烧。在适宜的气氛中，将矿石或精矿加热到一定的温度，使其中的矿物组成发生物理化学变化，以符合下一步冶金处理的工艺要求，是矿物原料冶炼前的一种预处理作业。

③ 熔炼。是指炉料在高温（1300～1600K）炉内发生一定的物理、化学变化，产生粗金属或金属富集物和炉渣的冶金过程。炉料除精矿、烧结矿等外，有时还需添加为使炉料易于熔融的熔剂，以及为进行某种反应而加入还原剂。此外，为提供必要的温度，往往需加入燃料燃烧，并送入空气或富氧空气。粗金属或金属富集物由于与熔融炉渣互溶度和密度的差异而分层从而得以分离提取。

④ 精炼。指粗金属去除杂质的提纯过程。粗金属的精炼过程是相当复杂的，一般将这些复杂的工艺分为两大类，火法精炼与电解精炼。对一种粗金属的精炼来说，可能只采用火法精炼或电解精炼，也可能两者兼用。下面简单介绍火法精炼工艺流程。火法精炼是在精炼炉中将固体粗金属高温加热熔化，然后向其中鼓入空气，使熔体中对氧亲和力较大的金属杂质发生氧化，以氧化物的形态浮于熔体表面形成炉渣，或挥发进入炉气而除去，再将残留的氧还原脱去的过程。

由有色金属冶炼多采用的火法冶金工艺流程可知，冶炼过程中，需将冶炼炉内的炉料高温加热提取金属，一旦发生生产事故，为保护冶炼设备，会将冶炼炉内的高温炉料排放到厂房安全坑内，从而高达上千度的炉料暴露于钢结构厂房内，对其周围钢构件产生强烈热辐射，使构件温度升高承载力降低，甚至使结构发生破坏。炉料对钢构件计算单元的热辐射示意如图 2-10 所示。

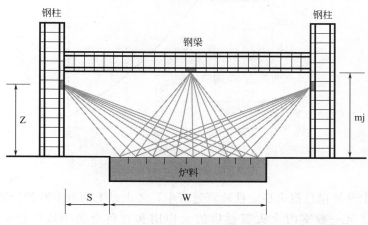

图 2-10　炉料对钢构件辐射示意图

炉料以液态形式从冶炼炉中排放出来，其温度在熔点附近。由于自身不断向外辐射热量，炉料在空气中由液态凝固为固态进而逐渐冷却。从液态转变为固态过程中，要放出熔化热，这一过程炉料维持其初始温度不变。当熔化热释放完毕，固态炉料温度开始降低。设炉料为长方体，宽度、长度、高度分别为 $w(\mathrm{m})$、$L(\mathrm{m})$、$h(\mathrm{m})$，在时间间隔 $\Delta t(\mathrm{s})$ 内，炉料辐射热量为：

$$q = \varepsilon \times 5.67 \times 10^{-8} \Delta t (w + 2h)(L + 2h)(T'_\mathrm{f} + 273)^4 \tag{2-44}$$

式中　T'_f——炉料在上一时刻的温度，℃；

　　　ε——炉料黑度。

炉料块体平均温度按下式变化：

$$T_\mathrm{f} = \begin{cases} T_\mathrm{c} & (Re > 0) \\ T_\mathrm{c} - q/(c\,\rho wLh) & (Re < 0) \end{cases} \tag{2-45}$$

式中　T_f——炉料温度，℃；

　　　T_c——炉料排放到安全坑内的初始温度，℃；

　　　c——炉料比热容，J/(kg·℃)；

　　　ρ——炉料容重，kg/m³；

　　　Re——炉料块体的总熔化热，J，按下式变化：

$$Re = Gwlh\rho - \varepsilon \times 5.67 \times 10^{-8} \Delta t (w + 2h)(l + 2h)(T'_\mathrm{f} + 273)^4 \tag{2-46}$$

式中　G——单位质量炉料熔化热，J/kg。

给定炉料各参数：$L = 8\mathrm{m}$，$w = 3\mathrm{m}$，$h = 0.5\mathrm{m}$，$T_\mathrm{C} = 1250℃$，$G = 251000\mathrm{J/kg}$，$c = 1100\mathrm{J/(kg·℃)}$，$\varepsilon = 0.66$，$\rho = 3350\mathrm{kg/m^3}$；通过程序计算得出炉料温度 70min 内变化曲线如图 2-11 所示。由图 2-11 看出，炉料开始维持在 1250℃，在 24min 后，由于熔化热量释放完毕，开始降温。

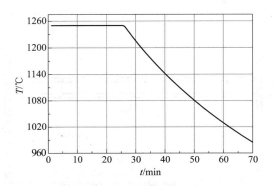

图 2-11　炉料温度-时间曲线

　　本书中开展钢柱耐火稳定性验算过程中，考虑以上两节中两种计算方法所给出的民用建筑一般室内火灾轰燃后的火作用和有色金属冶炼厂房炉料辐射热作用。

第三章
钢框架构件温度场计算

钢结构之所以在热作用下产生损伤，主要是其温度升高，在材料强度降低的同时产生新的作用效应——温度应力。无论是构件抗力还是温度应力，均与构件的温度有关。所以，研究钢结构耐火稳定性必须首先研究构件的温度场计算。

第一节　传热学基本原理

高温作用下，热空气向钢框架构件传热主要是通过热辐射、热对流进行热量传递，而作为固体的构件内部由于温度差的存在会产生热传导。

一、热传导

热传导又称导热，是连续介质就地传递热量而又没有各部分之间相对的宏观位移的一种传热方式。在固体内部，只能依靠导热的方式传热，在流体中，尽管也有导热现象发生，但通常被对流运动所掩盖。热传导服从傅里叶定律，即：在不均匀温度场中，由于导热所行程的某地点的热流密度正比于该时刻同一地点的温度梯度，在一维温度场中，数学表达式为：

$$q''_x = -\lambda \frac{dT}{dx} \tag{3-1}$$

式中　q''_x——热通量，在单位时间经单位面积传递的热量，W/m^2；

　　$\dfrac{dT}{dx}$——沿 x 方向的温度梯度，$℃/m$；

　　λ——热导率，$W/(m \cdot ℃)$。

热导率表示物质的导热能力，即单位温度梯度时的热通量。不同物质的热导率不同，同一物质的热导率也会因为材料的结构、密度、湿度、温度等因素的变化而变化。式(3-1) 中负号表示热量传递是从高温向低温传递，即热流密度和温度梯度方向相反。

导热理论的首要问题是确定导热体内部的温度分布。利用傅里叶定律只能求解一维的稳态温度场。对于多维温度场和非稳态导热问题，则必须以能量守恒和傅里叶定律为基础，分析导热体的微元体，得出表示导热现象基本规律的导热微分方程，然后结合所给的具体条件求的导热体内部的温度分布。据此可得钢构件微元的导热微分方程为：

$$\alpha \left(\frac{\partial^2 T}{\partial x^2} + \frac{\partial^2 T}{\partial y^2} + \frac{\partial^2 T}{\partial z^2} \right) = \frac{\partial T}{\partial t} \tag{3-2}$$

式中，$\alpha = \lambda / \rho c$ ——导温系数，m^2/s。

求解方程式（3-2）还需要边界条件，钢构件的升温边界条件实际是热空气对钢构件的热传递，热空气温度的计算方法已经在第二章中介绍。

二、热对流

工程上，常把具有相对位移的流体与所接触的固体壁面之间的热传递过程称为对流换热。

对流换热的热通量服从牛顿冷却公式：

$$q'' = h \Delta T \tag{3-3}$$

式中　q''——单位时间内，单位壁面面积上的对流换热量，W/m^2；

　　　ΔT——流体与壁面间的平均温差，℃；

　　　h——对流换热系数，表示流体和壁面温度差为1℃时，单位时间内单位壁面面积和流体之间的换热量，$W/(m^2 \cdot ℃)$。

与热导率不同的是，对流换热系数 h 不是物性常数，而是取决于系统特性、固体壁面形状与尺寸，以及流体特性，且与温差有关。

三、热辐射

辐射是物体通过电磁波来传递能量的方式，热辐射是因为热的原因而发出的辐射能的现象，辐射换热是物体之间以辐射方式进行的热量传递。与热传导和对流不同的是，热辐射在传递能量时不需要相互接触即可进行，是一种非接触传递能量的方式。从表面1到表面2的辐射能量传递速率可由式（3-4）计算：

$$Q_{1.2} = F_{1.2} A_1 \varepsilon_1 \sigma T_1^4 \tag{3-4}$$

式中　$Q_{1.2}$——Δt 时间内从表面1到表面2的辐射换热量，W/m^2；

　　　$F_{1.2}$——角系数，或称有限面对有限面的角系数；

　　　A_1——表面1的面积；

　　　ε_1——表面1的灰度；

　　　σ——斯蒂芬-波尔兹曼常数，取 5.67×10^{-8}，$W/(m^2 \cdot K^4)$；

　　　T_1——表面1的温度，K。

第二节　民用建筑一般室内轰燃火作用下钢框架温度计算模型

一、各国规范中钢构件温升计算模型

1.《建筑钢结构防火技术规范》ECCS 200:2006 钢构件温度计算方法

我国《建筑钢结构防火技术规范》（ECCS 200：2006）中规定，火灾下钢构件的升温可按下列增量法计算，其初始温度取 20℃：

$$T_s(t+\Delta t) = \frac{B}{c_s \rho_s}[T_g(t) - T_s(t)]\Delta t + T_s(t) \tag{3-5}$$

式中　Δt——时间增量，s，不宜超过 30；

T_s——钢构件温度，℃；

T_g——火灾下钢构件周围空气温度，℃；

B——钢构件单位长度综合传热系数，W/(m³·℃)；

c_s——钢材比热容，J/(kg·℃)；

ρ_s——钢材密度，kg/m³。

钢构件有非膨胀型保护层时，构件单位长度综合传热系数可按式（3-6）计算：

$$B = \frac{1}{1 + \frac{c_i \rho_i d_i F_i}{2c_s \rho_s V}} \frac{\lambda_i}{d_i} \frac{F_i}{V} \tag{3-6}$$

式中　c_i——保护材料的比热容，J/(kg·℃)；

ρ_i——保护材料的密度，kg/m³；

d_i——保护层厚度，m；

λ_i——保护材料 500℃时的热导率或等效热导率，W/(m·℃)；

F_i——构件单位长度防火保护材料的内表面积，m²/m。

2. Eurocode3 钢构件温度计算方法

欧洲规范 3（Design of steel structures Part1.2：General rules structural fire design）给出的标准升温条件下钢构件温度计算方程如下：

$$T_s(t+\Delta t) = \frac{\alpha_1}{c_s \rho_s}[T(t) - T_s(t)]\Delta t + T_s(t) - (e^{\zeta/5} - 1)\Delta T \tag{3-7}$$

其中

$$\alpha_1 = \frac{\lambda}{D} \times \frac{S}{V} \times \frac{3}{3+2\xi} \tag{3-8}$$

3. BS5950 钢构件温度计算方法

英国标准钢结构抗火设计规范第 8 部分（Structural use of steelwork in building，Part8：1990：Code of practice for fire resistant design）给出的标准升温条件下钢构件温度计算方程为：

$$T_s(t+\Delta t) = \frac{\alpha_2}{c_s \rho_s}[T(t) - T_s(t)]\Delta t + T_s(t) \tag{3-9}$$

其中

$$\alpha_1 = \frac{\lambda}{D} \times \frac{S}{V} \times \frac{1}{1+\xi'}, \xi' = \frac{\rho SD}{\rho_s V} \tag{3-10}$$

4. ECCS 推荐的钢构件温度计算方法

欧洲钢结构协会（ECCS）推荐标准升温条件下钢构件温度计算方程为：

$$T_s(t+\Delta t) = \frac{\alpha}{c_s \rho_s}[T(t)-T_s(t)]\Delta t + T_s(t) - \frac{\xi}{1+\xi}\Delta T \tag{3-11}$$

5. 瑞典规范钢构件温度计算方法

瑞典规范（Fire Engineering Design of Steel structures）给出的标准升温条件下钢构件温度计算方程为：

$$T_s(t+\Delta t) = \frac{\alpha_3}{c_s \rho_s}[T(t)-T_s(t)]\Delta t + T_s(t) - \frac{2\xi}{1+2\xi}\Delta T \tag{3-12}$$

其中

$$\alpha_3 = \frac{\lambda}{\left(\frac{\lambda}{a'}+D\right)} \times \frac{S}{V} \times \frac{1}{1+\xi} \tag{3-13}$$

式中　a'——材料表面对流换热系数，$W/(m \cdot ℃)$。

二、实际火灾作用下的钢构件温度计算模型

本书以热平衡理论，构建了钢构件在实际火灾作用下的温度计算模型。为便于计算，引入以下假定。

① 保护材料外表面的温度等于室内平均温度，即第二章中式（2-21）计算出的温度；

② 由外部传入的热量全部消耗于提高构件和保护材料的温度，不计其他热损失；

③ 构件截面和沿轴向温度均匀分布。

钢构件在火灾中的传热本来是连续非稳态传热，现人为地把时间坐标离散化，在微小时间增量 Δt 内，可认为构件温度和炉温保持不变。在时刻 t，构件温度为 $T_s(t)$，相应的室温为 T_f。

由于保护材料厚度较小，在微小时间增量 Δt 内，可看作均质平板的稳态传热。通过保护材料传入的热流强度 q 可表达为

$$q = \frac{\lambda}{D}[T_f(t)-T_s(t)] \tag{3-14}$$

在微小时间增量 Δt 内，通过保护材料传入构件单位长度内的总热量 ΔQ 为：

$$\Delta Q = qS\Delta t = \frac{\lambda}{D}[T_f(t)-T_s(t)]S\Delta t \tag{3-15}$$

式中　S——构件单位长度上保护材料内表面面积，m^2/m；

　　　D——保护材料厚度，m。

在微小时间增量 Δt 内，室温上升为 ΔT，单位长度构件吸热为：

$$\Delta Q_1 = C_s \rho_s V[T_s(t+\Delta t)-T_s(t)] \tag{3-16}$$

由于按稳态考虑，保护材料内温度线性分布，在微小时间增量 Δt 内，保护材料吸热为：

$$\Delta Q_2 = \frac{T_s(t+\Delta t) - T_s(t) + \Delta T}{2} C \rho S D \qquad (3\text{-}17)$$

以假定②有：

$$\Delta Q = \Delta Q_1 + \Delta Q_2 \qquad (3\text{-}18)$$

代入式(3-15)～式(3-17)整理得

$$T_s(t+\Delta t) = T_s(t) + \frac{\frac{\lambda}{D}\frac{S}{V}\Delta t}{C_s \rho_s} \frac{1}{1+\xi}[T_f(t) - T_s(t)] - \frac{\xi}{1+\xi}\Delta T \qquad (3\text{-}19)$$

随时间增大，ΔT 很快衰减。为方便且偏于安全，将上式中第三项忽略即得到一般室内火灾升温条件下钢构件温度计算方程：

$$T_s(t+\Delta t) = T_s(t) + \frac{\frac{\lambda}{D}\frac{S}{V}\Delta t}{C_s \rho_s} \frac{1}{1+\xi}[T_f(t) - T_s(t)] \qquad (3\text{-}20)$$

$$\xi = \frac{C \rho S D}{2 C_s \rho_s V} \qquad (3\text{-}21)$$

式中　C_s——钢材比热容，取 600J/(kg·℃)；

　　　ρ_s——钢材密度，取 7850kg/m³；

　　　V——构件单位长度体积，m³/m；

　　　C——保护材料的比热容，J/(kg·℃)；

　　　ρ——保护材料的密度，kg/m³。

第三节　炉料热作用下框架钢柱温度计算模型

有色金属厂房事故坑设在地面，一般认为其热作用只影响钢框架的底层构件。炉料以热辐射的形式向外散失热量，如图 3-1 所示。钢构件表面吸收炉料辐射热的同时向外辐射热量，钢构件内部热量以热传导的形式进行传递。

本节以炉料附近钢柱及钢梁为研究对象，如图 3-2 所示。

考虑炉料尺寸、构件规格、构件与炉料相对位置等因素，利用传热学原理建立炉料热作用下钢构件温度场的计算模型。由于楼板的隔热作用，仅研究底层框架构件温度场分布，而上层构件温度保持常温不变。

钢构件截面一般由钢板连接而成，钢板位置不同，与炉料的辐射面的角系数不同，所以接受的热量不同，温度不同。钢板厚度有限，忽略各钢板在连接处得热传导，把每块钢板视为一个独立的单元。将钢柱各板件沿轴向每 0.5m 划分为若干计算单元，先将每个计算单元的分界面视为绝热面，暂不考虑热量在轴向的传导。钢柱温度计算示意如图 3-3 所示。

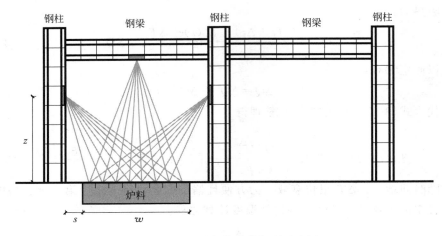

图 3-1　炉料对钢构件热辐射示意图

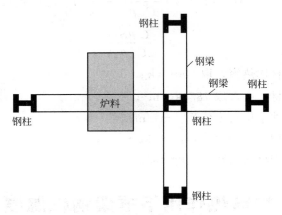

图 3-2　研究对象示意图

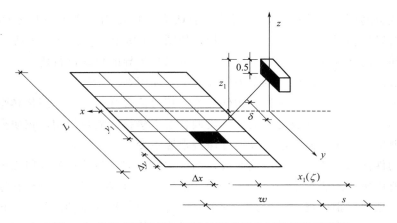

图 3-3　炉料表面单元与钢柱计算单元表面热辐射示意图

　　为简化计算，用 Δx，Δy 将炉料上表面划分成若干矩形单元作为辐射面，把时间坐标离散成 $\Delta t(s)$，在 Δt 时间内，钢柱各板件计算单元的热平衡方程如式（3-22）所示：

$$\Delta T_s = \frac{Q_s}{c_s \rho_s v_s} \tag{3-22}$$

式中　Q_s——Δt 时间内钢柱各板件计算单元表面净吸收的热量，J；

　　　　v_s——钢柱各板件计算单元体积，m^3；

　　　ΔT_s——在 Δt 时间内钢柱各板件计算单元温升，℃；

　　　　ρ_s——钢材的密度，取 $7850\text{kg}/m^3$；

　　　　c_s——钢材的比热容，$J/(\text{kg}\cdot℃)$，按欧洲规范 3 给出的公式计算，如式（3-23）：

$$c_s = 425 + 0.773T_s - 1.69 \times 10^{-3} T_s^2 + 2.22 \times 10^{-6} T_s^3 \tag{3-23}$$

钢柱构件计算单元表面与外界的热量交换 Q_s 包括以下几项。

① 炉料表面对钢柱计算单元表面在 $\Delta t(s)$ 的辐射传热量 Q_g(J)

由于炉料与受热辐射面互相垂直，根据传热学原理：

$$Q_g = \sum_w \sum_L 5.67 \times \varepsilon_1 \times \varepsilon_2 \Delta x \Delta y \Delta t \frac{0.5 z_1 \zeta \delta}{\pi(x_1^2 + y_1^2 + z_1^2)^2} \left(\frac{T_f + 273}{100}\right)^4 \tag{3-24}$$

式中　　ε_1——炉料灰度；

　　　　ε_2——钢材的黑度；

　　　　δ——钢柱表面被辐射计算单元宽度，m；

　　　　ζ——炉料辐射单元中心与钢柱表面被辐射单元中心水平距离，m；

　　　　T_f——炉料在 t 时刻的温度，按式（2-45）计算，℃；

x_1、y_1、z_1——炉料辐射单元中心到钢柱表面被辐射单元中心的距离，m。

　　② 钢柱各板件计算单元表面在时间间隔 $\Delta t(s)$ 内向外辐射热量 Q_f(J)，按下式计算：

$$Q_f = \varepsilon_2 \times 5.67 \times \theta \times 0.5 \Delta t \times \delta \left(\frac{T_s' + 273}{100}\right)^4 \tag{3-25}$$

式中　T_s'——钢柱各板件计算单元上一时刻温度，℃；

　　　　θ——向外辐射面的系数，对 H 截面各板件，取 2；对方矩管板件，取 1。

　　式（3-24）、式（3-25）相减可得钢柱各板件计算单元表面净吸收热量 Q_s 如下：

$$Q_s = Q_g - Q_f \tag{3-26}$$

将式（3-26）代入式（3-22）得：

$$\Delta T_s = \frac{Q_g - \varepsilon_2 \times 5.67 \times k \times 0.5 \Delta t \times \delta \left(\frac{T'_s + 273}{100}\right)^4}{c_s \rho_s v_s} \tag{3-27}$$

则钢柱各板件计算单元在 t 时刻的温度 T_s 按式(3-28)计算：

$$T_s = T_0 + \sum_1^{t/\Delta t} \Delta T_s \tag{3-28}$$

式中　T_0——钢柱各板件计算单元的初始温度，℃；

　　　ΔT_s——钢柱各板件计算单元在 Δt 时间内的温升，℃。

一般要求钢柱外表面距离炉料边缘至少 0.5m，当钢柱下部进行包覆保护时，保护层厚度不小于 120mm，在有限的时间内，通过保护层传入构件的热量有限。在有保护层高度范围内，令式(3-22)中

$$\Delta T_s = 0$$

仍按上述方法计算钢柱单元温度。

撤销每个计算单元的分界面上人为设置的绝热面，考虑热量在钢柱轴向各计算单元之间进行热传导，在钢柱端部近似绝热。钢柱各板件计算单元在时刻 $t + \Delta t$ 后温度为：

$$T_s(i, t+\Delta t) = \frac{\lambda_s \Delta t}{c_s \rho_s (0.5)^2}[T_s(i+1,t) + T_s(i-1,t) - 2T_s(i,t)] + T_s(i,t)$$

$$\tag{3-29}$$

式中　$T_s(i, t+\Delta t)$——钢柱沿轴向第 i 个计算单元在时刻 $t + \Delta t$ 的温度，℃；

　　　$T_s(i, t)$——钢柱沿轴向第 i 个计算单元在时刻 t 的温度，℃；

　　　$T_s(i-1, t)$——钢柱沿轴向第 $i-1$ 个计算单元在时刻 t 的温度，℃；

　　　λ_s——钢材的热导率，取 45W/(m·℃)。

一、Ⅰ类设置形式 H 型钢柱温度计算模型

H 型钢柱温度分布与炉料尺寸、钢柱的截面尺寸、钢柱计算截面距地面的高度、钢柱与炉料相对位置等因素有关。根据 H 型钢柱相对于炉料设置形式的不同，将 H 型钢柱温度的计算模型分为Ⅰ类设置形式（腹板与炉料邻边垂直）和Ⅱ型设置形式（腹板与炉料邻边平行）两种模型来计算，如图 3-4 所示。

如图 3-5 所示，Ⅰ类设置形式 H 型钢柱各板件所处位置不同，接受炉料热辐射的表面也不同，各板件的温度就不同。计算时，采用分区计算法，将 H 型钢柱截面分为三部分：靠近炉料的前翼缘、腹板和后翼缘。图中，b_f 为翼缘宽度，m；τ 为翼缘厚度，m；h_w 为腹板高度，m；τ_w 为腹板厚度，m；s 为翼缘正面到炉料的距离，m；w 为炉料宽度，m；l 为炉料长度，m；α 为翼缘顶点 A 与腹板顶点所成夹角。由于遮挡的存在，钢构件各板件只有一部分表面接受辐射。图中 1 至 9 黑色加粗部分为单位长度各板件受热辐射面，表 3-1 为 H 型钢

柱构件表面不同位置处接受炉料辐射的表面。

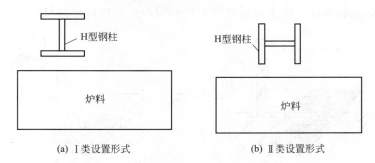

(a) Ⅰ类设置形式　　　　　　(b) Ⅱ类设置形式

图 3-4　H 型钢柱不同设置形式示意图

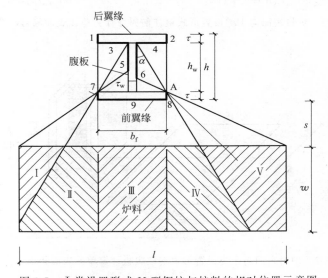

图 3-5　Ⅰ类设置形式 H 型钢柱与炉料的相对位置示意图

表 3-1　Ⅰ类设置形式 H 型钢柱表面不同位置接受炉料辐射表面

钢柱接受辐射表面	1	2	3	4	5	6	7	8	9
炉料辐射表面	Ⅰ、Ⅱ	Ⅳ、Ⅴ	Ⅰ、Ⅱ	Ⅳ、Ⅴ	Ⅰ	Ⅴ	Ⅰ、Ⅱ	Ⅳ、Ⅴ	Ⅰ、Ⅱ、Ⅲ、Ⅳ、Ⅴ

　　图 3-6～图 3-8 为炉料与各板件间热辐射计算示意图，红色表示炉料表面与各板件计算单元表面的辐射传热面。根据图示各板件计算单元与炉料计算单元距离 x_1、y_1、z_1、s、ζ，炉料尺寸 l、w，板件规格 $h \times b_f \times \tau_w \times \tau$ 及炉料和各板件辐射表面积，利用公式（3-24）～式（3-28），分别建立在炉料热辐射作用下，前翼缘、腹板和后翼缘热量平衡方程，求出钢柱表面任一计算单元温升。值得注意的是，在利用式（3-24）计算钢柱前翼缘温度时，图 3-6（a）中，$\delta = b_f$，$\zeta = x_1$；图（b）中，$\delta = \tau$，$\zeta = y_1$。计算腹板温度时，图中 $\zeta = y_1$。在利用式（3-24）计算后翼缘温度时，图（a）中，$\delta = (b_f - \tau_w)/2$，$\zeta = x_1$；图（b）中，$\delta = \tau$，$\zeta =$

y_1。结合热传导方程式(3-29)，计算Ⅰ类设置形式 H 型钢柱各板件任一时刻、任一计算单元的温度。由于各板件接触面积很小，忽略板件间热量传递。

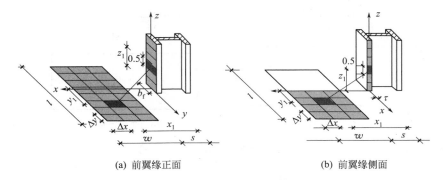

(a) 前翼缘正面   (b) 前翼缘侧面

图 3-6　炉料表面与Ⅰ类设置形式钢柱前翼缘计算单元表面辐射示意图

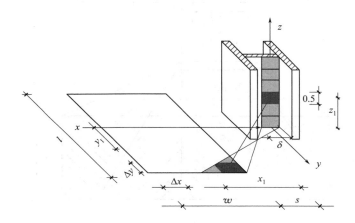

图 3-7　炉料表面与Ⅰ类设置形式钢柱腹板计算单元表面辐射示意图

图 3-8(a) 中，当辐射单元中心与点 A 的连线和 x 轴所成角 $\beta > \alpha$ 时，后翼缘只有一部分接受热辐射；当 $\beta < \alpha$ 时，后翼缘正面全部接受热辐射。且两种情况下炉料的辐射面也不相同。编写程序计算时利用角度 α、β 判定炉料辐射面积和板件接受辐射面积，再进行温度计算。

对于钢柱在炉料长度范围外的情况，如图 3-9 所示，仍将钢柱划为前翼缘、腹板和后翼缘，但各板件接受炉料辐射情况与前面略有不同。计算时，应根据钢柱实际所处位置，正确选取各板件接受辐射表面积及该表面计算单元与炉料辐射表面单元之间 x_1、y_1、z_1 的值。

二、Ⅱ类设置形式 H 型钢柱温度计算模型

如图 3-10 为Ⅱ类设置形式 H 型钢柱的分区计算模型。钢柱各板件由于所处位置不同，接受炉料热辐射表面也不同，各板件截面温度就不同。将Ⅱ类设置形

式 H 型钢柱截面分为三部分：左翼缘、腹板和右翼缘。图中 1～7 黑色加粗部分为各板件接收受热辐射面，表 3-2 为 Ⅱ 类设置形式 H 型钢柱表面不同位置处接受炉料的辐射表面。

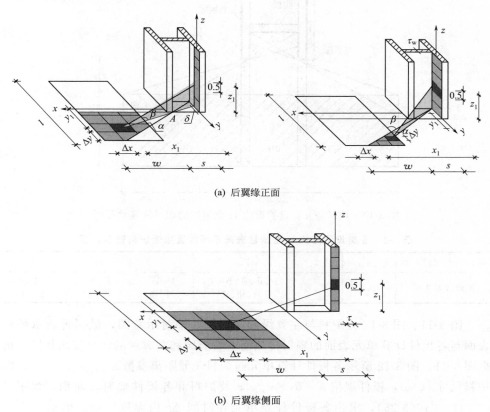

(a) 后翼缘正面

(b) 后翼缘侧面

图 3-8　炉料表面与 Ⅰ 类设置形式钢柱后翼缘表面单元辐射示意图

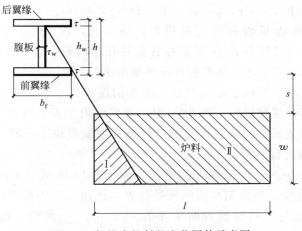

图 3-9　钢柱在炉料长度范围外示意图

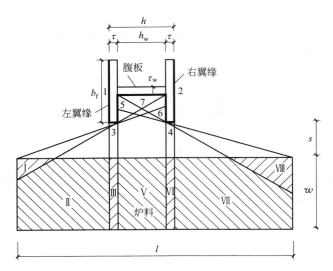

图 3-10 炉料与Ⅱ类设置形式 H 型钢柱的相对位置示意图

表 3-2 Ⅱ类设置形式 H 型钢柱表面不同位置接受炉料辐射表面

钢柱接受辐射表面	1	2	3、4	5	6	7
炉料辐射表面	Ⅰ、Ⅱ	Ⅶ、Ⅷ	Ⅰ、Ⅱ、Ⅲ、Ⅳ、Ⅴ、Ⅵ、Ⅶ、Ⅷ	Ⅴ、Ⅵ、Ⅶ、Ⅷ	Ⅰ、Ⅱ、Ⅲ、Ⅳ	Ⅱ、Ⅲ、Ⅳ、Ⅴ、Ⅵ

图 3-11、图 3-12 为炉料与左翼缘和腹板间热辐射示意图，最深色表示炉料表面与各板件计算单元表面的辐射传热面。右翼缘和左翼缘的计算方法相同。根据图 3-11、图 3-12 所示各板件计算单元与炉料单元距离参数 x_1、y_1、z、s、ζ、炉料尺寸 l、w，板件规格 $h \times b_f \times \tau_w \times \tau$ 及炉料和各板件辐射表面积，利用式 (3-24)～式(3-28)，求出各板件任意单元在时间 Δt 内温度增量。值得注意的是，在利用式(3-24) 计算钢柱左翼缘单元表面的温度时，图 3-11(a)，$\delta = b_f$，$\zeta = x_1$；图 3-11(b)，$\delta = \tau$，$\zeta = y_1$；图 3-11(c)，$\delta = (b_f - \tau_w)/2$，$\zeta = x_1$。在利用式(3-24) 计算腹板表面单元温度时，图 3-12，$\zeta = y_1$。结合热传导方程 (3-29)，计算Ⅱ类设置形式 H 型钢柱各板件任一时刻、任一计算单元的温度。由于各板件接触面积很小，忽略板件间热量传递。

图 3-11(c) 中，当辐射单元中心与点 A 的连线和 x 轴所成角 $\beta > \alpha$ 时，左翼缘内侧表面全部接受热辐射；当 $\beta < \alpha$ 时，左翼缘内侧表面只有一部分接受热辐射。同理，腹板表面不同位置接受的炉料热辐射面积也不一样，计算时可根据图 3-12 所示连线进行判断。

对于钢柱在炉料长度范围外的情况，如图 3-13 所示，仍将钢柱分为左翼缘、腹板和右翼缘。根据钢柱实际所处位置，正确选取各板件接受辐射表面及该表面计算单元与炉料辐射表面单元的 x_1、y_1、z_1 的值，按上述方法进行计算。

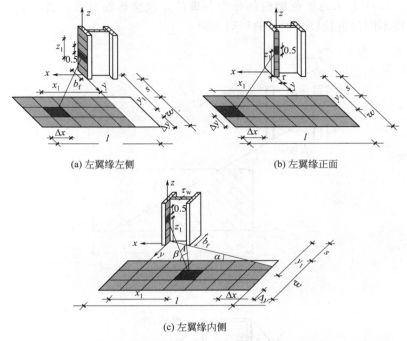

(a) 左翼缘左侧　　　　　　　　　(b) 左翼缘正面

(c) 左翼缘内侧

图 3-11　炉料表面与Ⅱ类设置形式钢柱左翼缘计算单元表面辐射示意图

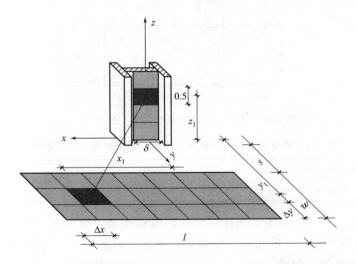

图 3-12　炉料表面与Ⅱ类设置形式钢柱腹板计算单元表面辐射示意图

三、方矩管钢柱温度计算模型

　　方矩管钢柱各板件所处位置不同，接受炉料热辐射的表面也不同，如图 3-14所示，将方矩管钢柱截面分为三部分：正对炉料的正面板件、两侧的侧面板件。1~3 表示的黑色加粗部分为各板件接收受热辐射面，表 3-3 为方矩管钢柱表面不同位置处接受炉料的辐射表面。

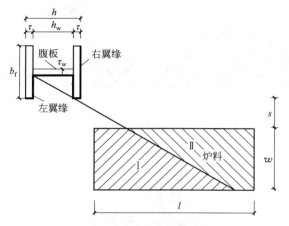

图 3-13 钢柱在炉料长度范围外

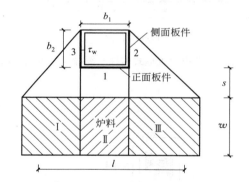

图 3-14 炉料与方矩管钢柱的相对位置示意图

表 3-3 方矩管钢柱各板件表面不同位置处接受炉料辐射表面

钢柱接受辐射表面	1	2	3
炉料辐射表面	Ⅰ、Ⅱ、Ⅲ	Ⅲ	Ⅰ

图 3-15 为炉料与方矩管钢柱正面和侧面板件热辐射的示意图，最深色表示炉料表面与各板件计算单元表面的辐射传热面。根据图 3-15 所示各板件计算单元与炉料辐射单元距离 x_1、y_1、z_1、s、ζ，炉料尺寸 l、w，板件规格 $b_1 \times b_2 \times \tau$ 及炉料和各板件辐射表面积，利用式(3-24)~式(3-28)，建立在炉料热辐射作用下，正面板件和侧面板件热量平衡方程，求出各板件任意单元在时间 Δt 内温度增量。结合热传导方程式(3-29)，计算方矩管钢柱各板件任一时刻、任一计算单元的温度。由于各板件接触面积很小，忽略板件间热量传递。

对于方矩管钢柱在炉料长度范围外的情况（见图 3-16），仍将方矩管钢柱划分为正面板件和两个侧面板件。根据钢柱实际所处位置，选取各板件接受辐射表面及该表面计算单元与炉料表面辐射单元正确的 x_1、y_1、z 的值，按上述方法进行计算。此时只有1、2面接受热量。

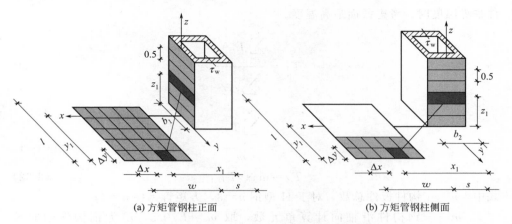

(a) 方矩管钢柱正面   (b) 方矩管钢柱侧面

图 3-15 炉料表面单元与方矩管钢柱板件表面单元辐射示意图

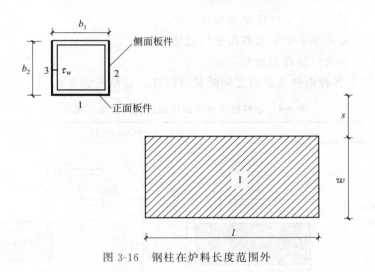

图 3-16 钢柱在炉料长度范围外

四、平均温度与最高温度

依据上述内容可以计算钢柱各板件任一时刻的温度场分布。通过比较，可以得出构件的截面平均温度 T_J，构件沿轴向的平均温度 T_P 和最高温度 T_Z。截面平均温度 T_J，取各板件截面所在计算单元温度，按各板件横截面积加权平均值计算 [见式（3-30）]。钢构件沿轴向的平均温度 T_P，取钢柱沿轴向所有截面平均温度的平均值，按式（3-31）计算。在计算钢构件由于膨胀所产生的温度应力时，取构件的沿轴向平均温度。通过比较各截面平均温度可以得出截面最高温度 T_Z

［见式(3-32)］及其所在位置。由于钢构件与炉料的位置固定，截面最高温度所处位置也是确定的。轴心受压构件沿轴向各个截面的应力是相同的，但是在温度最高处，有可能因为钢构件材料强度最低使承载力不足而失稳。因此在判定钢构件临界温度时，考虑截面最高温度。

$$T_J = \frac{\sum\limits_{i=1}^{n} T_i A_i}{\sum\limits_{i=1}^{n} A_i} \tag{3-30}$$

$$T_P = \frac{\sum\limits_{i=1}^{m} T_{Ji}}{m} \tag{3-31}$$

$$T_Z = \max\{T_{Ji}\} \tag{3-32}$$

式中　n——构件板件总数，对于 H 型钢 $n=3$，方矩管钢柱 $n=4$；

　　　m——钢构件沿轴向计算单元数，取 $m=L/0.5$，L 为钢构件轴向长度，m；

　　　T_i——板件第 i 个计算单元温度，℃；

　　　T_{Ji}——截面第 i 个单元截面平均温度，℃；

　　　A_i——各板件横截面面积，m²。

总结以上各种钢柱与炉料之间的相对位置，总结于表 3-4。

表 3-4　炉料热作用下钢柱温度计算模型一览表

类型	各钢柱与炉料相对位置	
Ⅰ类设置形式 H 型钢柱	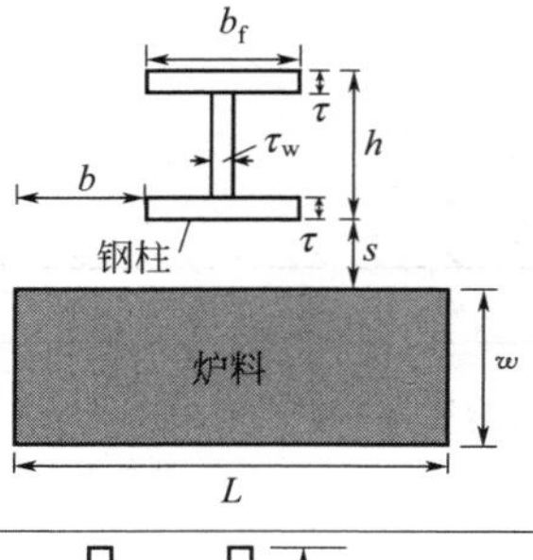	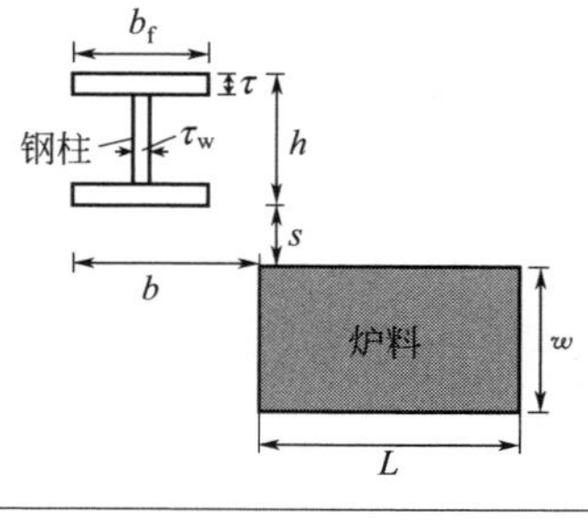
Ⅱ类设置形式 H 型钢柱	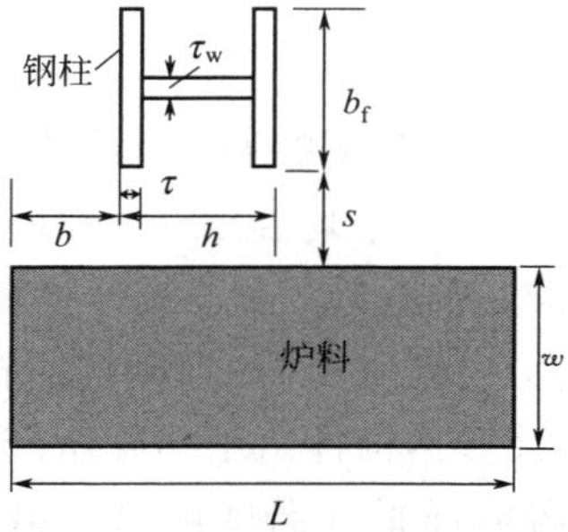	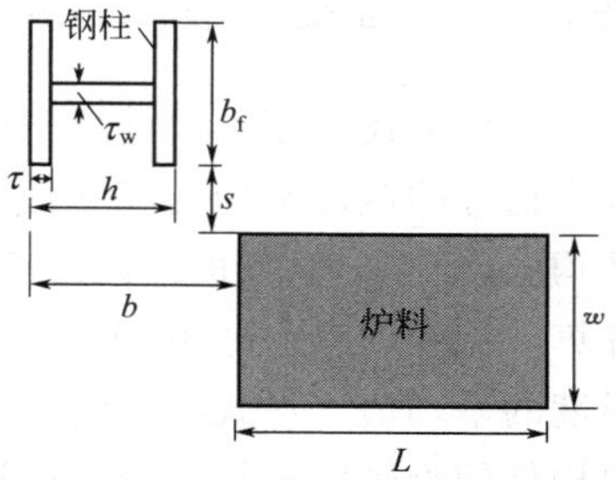

续表

类型	各钢柱与炉料相对位置	
方矩管钢柱	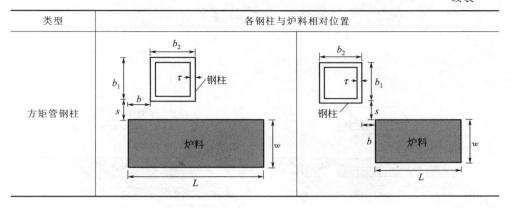	

第四节　炉料热作用下框架梁温度计算模型

钢梁温度与炉料尺寸、钢梁的截面尺寸、钢梁的计算截面位置、钢梁与炉料相对位置等众多因素有关。钢梁下表面及左右两侧面受到炉料辐射作用，温度升高。如图 3-17 为钢梁受炉料热辐射示意图。黑色加粗部分为钢梁受炉料热辐射表面。本书将工字型梁简化为矩形截面，将梁两侧取图中虚线所示面积作为计算单元表面。钢梁温度计算中，截面不分区，只计算其平均温度。

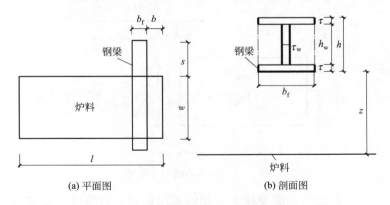

(a) 平面图　　　　　　　(b) 剖面图

图 3-17　钢梁与炉料相对位置示意图

图 3-18 为炉料与钢梁正面和侧面板件热辐射的示意图，深色表示炉料表面与各板件计算单元表面的辐射传热面。由于钢梁下翼缘表面平行于炉料表面，因此不能按式（3-24）计算构件表面吸收的辐射热量 $Q_g(J)$，按式（3-30）计算 $Q_g(J)$。钢梁侧面吸收热量按式（3-24）计算。如图 3-18 所示，利用式（3-24）～式（3-29），可求得在炉料热辐射作用下，钢梁各板件任一时刻、任一计算单元的温度。

$$Q_{\mathrm{g}} = \sum_{w} \sum_{L} 5.67 \times \varepsilon_1 \times \varepsilon_2 \Delta x \Delta y \Delta t \; \frac{0.5 \cdot b_{\mathrm{f}} z^2}{\pi (x_1^2 + y_1^2 + z^2)^2} \left(\frac{T_{\mathrm{f}} + 273}{100} \right)^4$$

$$(3\text{-}33)$$

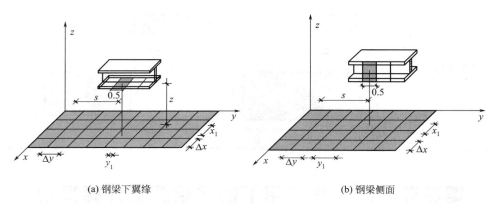

| (a) 钢梁下翼缘 | (b) 钢梁侧面 |

图 3-18　炉料表面单元与钢梁表面单元辐射示意图

钢梁与炉料相对位置不同时（见图 3-19），仍将炉料划分为钢梁下表面及左右两侧面。根据钢梁实际所处位置，选取各板件接受辐射表面及该表面计算单元与炉料辐射表面单元正确的 x_1、y_1、z 的值和炉料的 w、l 值，按上述方法进行计算。箱型梁温度可采用与工字型梁相同的方法进行计算。

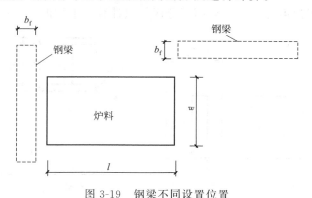

图 3-19　钢梁不同设置位置

如果钢梁温度过高，需要保护。建议采用镀锌、镀锡薄钢板进行屏蔽。此时，钢构件的温度计算中不考虑截面分区，每个单元视为一个整体进行计算。温度分析分为以下二步：

① 屏蔽钢板的温度计算。屏蔽钢板的温度计算仍按前述方法，需注意屏蔽钢板与炉料平面互相垂直或平行，在计算公式(3-24)、式(3-33) 中，ε_2 为屏蔽钢板的黑度，式(3-22) 中，v_{s} 为屏蔽钢板计算单元体积，m^3。

② 钢构件温度计算。计算出屏蔽钢板温度后，把其视为辐射源，按平行关系向钢构件辐射传热，屏蔽钢板向钢构件某单元的传热量为：

$$Q_g = \sum_{LL} 5.67 \times 0.8\varepsilon_2 \times 0.5b_1\Delta t \frac{0.5b \times 0.1^2}{\pi(0.1^2 + x^2)^2}\left(\frac{T_1 + 273}{100}\right)^4 \quad (3\text{-}34)$$

式中 LL——梁的跨度，m；

    b——计算单元宽度或高度，m，对梁侧面，取梁高度，对梁底面，取梁宽度；

    b_1——屏蔽钢板单元宽度或高度，m，对梁侧面，取梁高度加0.1m，对梁底面，取梁宽度加0.2m；

    x——梁计算单元中心到梁一侧的水平距离，m；

    T_1——钢梁计算单元温度，℃。

此时，不考虑构件向外的辐射，在式(3-26)中，令 $Q_f = 0$，钢构件单元的温度仍按式(3-27)计算。

钢梁截面平均温度、沿轴向的平均温度和最高温度计算方法与钢柱的计算方法相同，详细在上节中已经介绍。总结各种钢梁与炉料之间的相对位置，总结于表3-5。

表 3-5 炉料热作用下钢梁温度计算模型一览表

类型	钢梁与炉料相对位置
工字型或箱型钢梁 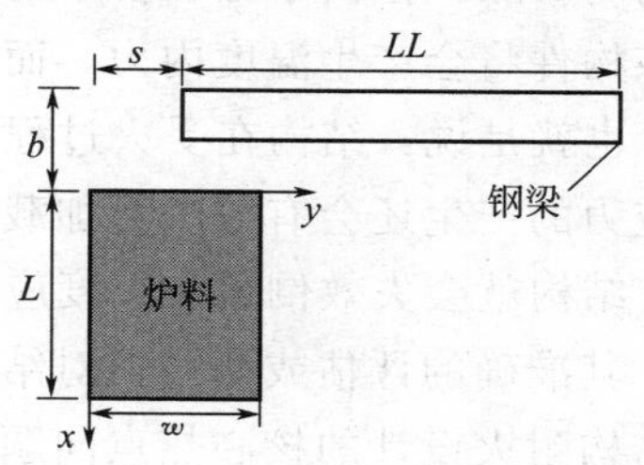 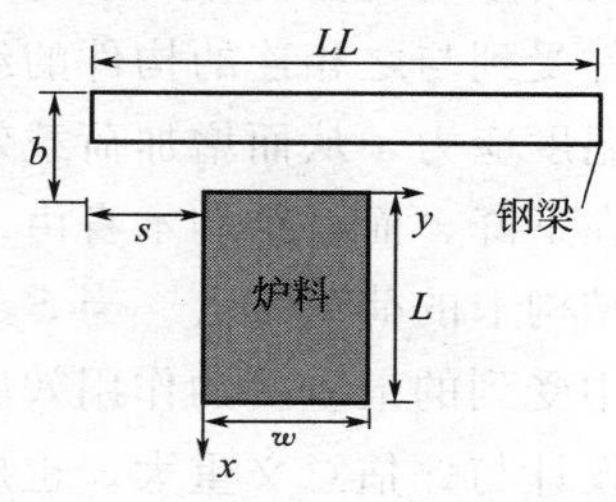	

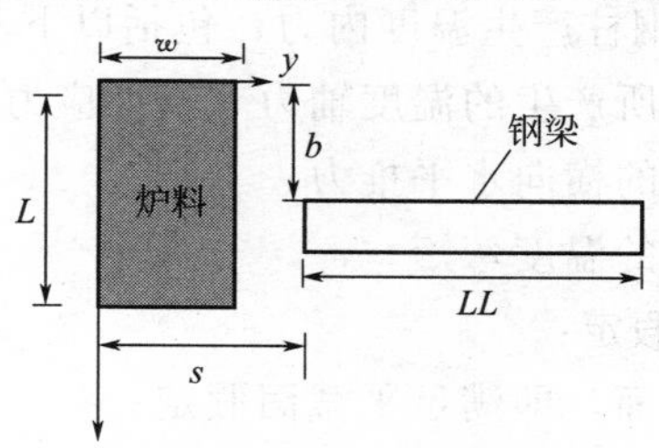

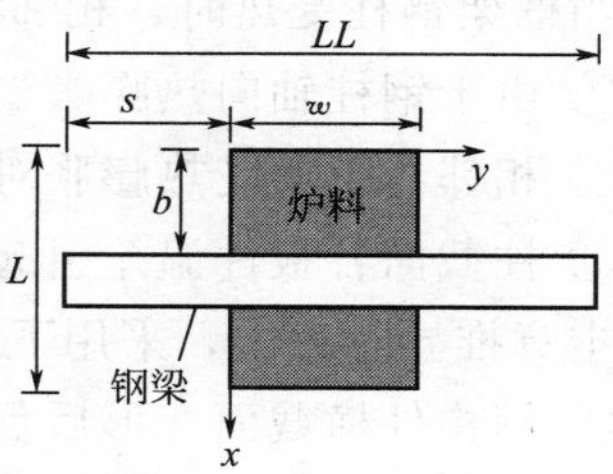

第四章
温度应力计算与钢柱耐火稳定性判据

建筑结构承受荷载作用之后，结构本身将产生内力和变形，这些由荷载引起的结构的内力与变形统称为荷载效应。当结构构件的截面尺寸和强度等级确定以后，构件截面便具有了一定的抵抗荷载效应的能力，这种抵抗荷载效应的能力就称为结构的抗力。结构处于可靠状态的前提就是荷载效应 S 不超过结构的抗力 R，即：$S \leqslant R$。当结构处于火灾情况下，若没有很好的防火保护措施，结构构件的温度就会随着火灾的发展而升高。尤其是钢结构建筑，由于钢材本身的特性，温度更易于影响到钢材的性能。一方面，钢结构的抗力很大程度上取决于所用钢材的强度和弹性模量。火灾下，构件温度升高，引起钢材强度和弹性模量降低，从而降低结构抗力 R。另一方面，结构往往为超静定结构。超静定结构各杆件在受到不均匀温度作用下将产生不均匀膨胀，但由于存在多余约束，膨胀较大的构件受到与之相连的构件的约束，该构件将会产生温度内力，而在其截面上会产生温度应力，从而增加荷载效应 S。也就是说，结构在受火过程中，不但自身抗力在下降，而且结构本身由于温度应力的产生还会有一个自加载过程，使得施加在结构上的荷载增大。当 $S \geqslant R$ 时，结构就会失效倒塌。温度应力是钢结构在火灾中受到的最重要的作用效应之一，其准确的评估或测量，对结构在火灾中的安全设计与评估意义重大，也成为钢结构耐火设计的核心热点问题。

当框架钢柱受热时，相邻构件对钢柱产生温度内力，包括以下三个方面：

① 由于钢柱轴向热膨胀受到约束所产生的温度轴力（温度应力）；

② 相邻约束梁受热膨胀对柱施加的横向水平推力；

③ 柱截面各板件温差引起的钢柱的温度弯矩。

本章推导过程中，采用下列基本假定：

① 钢构件横截面变形后仍保持平面，即满足平截面假定；

② 忽略杆件截面在温度和荷载作用下发生的扭曲；

③ 不考虑构件的初始缺陷和残余应力的影响；

④ 忽略与目标柱相邻柱以外构件对目标柱温度应力的影响。

第一节　轴向约束钢柱温度应力试验简介

虽然国内外已开展了大量针对钢构件温度应力的试验研究，但仍未揭示出温度应力的变化规律。因此，以温度应力为主要目标，改变轴向约束刚度、长细比和初应力水平，对钢柱进行较为系统的试验研究，对提高我国钢结构耐火设计与评估的可靠度具有重要意义。由中国人民武装警察部队学院屈立军教授带领的课题组，利用自行设计开发的温度轴力测量装置，采用恒载升温试验方法，对我国三个钢厂生产的 Q345（16Mn）无缝钢管所制作的试件，进行较大规模的试验研究。试验采用连续升温，共设置 3 个初始应力水平、14 级约束刚度和 6 种长细比，共计 262 次试验，其中常温试验 12 次，高温试验 250 次。试验结果揭示了初始应力水平、轴向约束刚度、长细比和温升 4 个因素对轴向受约束钢管柱的温度应力的影响变化规律。本节对该试验研究做简要介绍。

一、试验设备

试验装置采用屈立军教授自行设计并取得国家发明专利的"杆系结构构件温度轴力测量装置"，图 4-1 为该装置加载加热设备。图 4-2 为试验钢柱受力简图。

图 4-1　试验加载加热设备

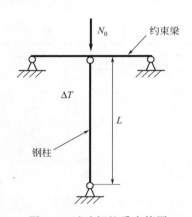

图 4-2　试验钢柱受力简图

试验设备具有如下功能。

① 维持恒定荷载。火灾时，钢构件上承受一定量值的重力荷载，并在火灾过程中保持不变。

② 水平和竖向对中。本研究的对象是轴心受力构件，所受荷载与构件轴线重合，要求设备能在水平和竖向双向对中。

③ 轴向约束能力。本研究的目的是温度内力，所以设备必须具有约束构件轴向变形的功能，所提供杆端的约束力可随需要在 $0 \sim \infty$ 之间变化，以此模拟分离出来的单一构件在原来结构体系中的实际受力情况。

④ 升温。按一定程序升温可模拟构件在实际火灾中的热作用。

⑤ 各类参数测量。试验中应能测定构件所受初始轴力、温度轴力、杆端变形、构件自身和炉内温度等。

二、试件参数

试件采用从国内三个钢铁生产厂家选取的 Q345 无缝钢管，按钢结构施工验收规范加工成长度为 2000mm 的圆管试件。为加载方便，在钢柱两端焊接厚度为 20mm 的矩形端板，端板长宽尺寸随不同规格试件而不同。如图 4-3 即为单个试件照片，图 4-4 为试件简图。

图 4-3　单个试件照片图

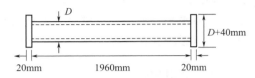

图 4-4　试件示意图

试件共 6 种截面，长度均相同，其常温性能列于表 4-1。试件所用钢材的实测弹性模量为 200000N/mm²。

表 4-1　试件长细比与常温强度

外径×壁厚/mm	长细比/λ	短柱强度 f_y'/(N/mm²)	长柱强度 f_y/(N/mm²)	钢管厂家
73×6	84	437	342	A
89×6	68	420	352	A
121×6	49	419	328	B
140×6	42	402	370	A
159×6	37	388	339	C
194×6.5	30	393	349	C

注：短/长柱强度是指短/长柱实测破坏轴力与其实测横截面面积之比。

因钢管壁厚各处可能不均匀，无法准确测量试件横截面。为了减小试件横截面积带来的计算误差，使用高精度电子秤测量钢柱重量（精确度 50g），取钢材密度为 7850kg/m³，反算出试件的横截面面积。

三、温度测量

为较准确测量试件温度，在试件沿长度两侧打孔（直径 5mm，深 3mm），热电偶感温点插入孔中，其位置见图 4-5。试件平均温度取上、下侧平均温度均值，而每侧平均温度为该侧面热电偶与端部热电偶按长度加权平均值。为验证试件温度测量的准确性，曾做了一次验证性试验：把热电偶焊接在孔内，然后按相同条件升温，所测试件温度与把热电偶插入孔内几乎相同。在钢材高温试验中，一般认为升温速率在 5～50℃/min 范围内较为合理。如果升温速率太快，构件内外温差较大。本研究所有温升速率均控制为 5℃/min，可使试件内温度趋于均匀的情况下尽量缩短试验时间。

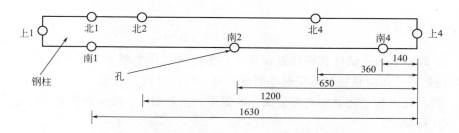

图 4-5　试件表面打孔示意图

四、初始应力水平

初应力是指在试验开始对钢柱进行加温之前，对其所施加的初始应力值，该参数代表实际结构受火前所承受的有效重力荷载的大小。初始应力的大小会影响到其受热过程中应力的变化与破坏过程。该试验研究中，根据钢柱的屈服强度，将初始作用力的大小以初应力水平 k_0 的形式表达。试验对试件进行 0.3、0.4 和 0.5 三个级别的初始应力水平的加载。试件的初始荷载 N_0 按下式确定

$$N_0 = k_0 f_y A \tag{4-1}$$

式中　k_0——初始应力水平。

A——试件的实测截面面积，m^2。

五、约束刚度

约束刚度是影响轴心受压构件温度应力最重要的因素。通过改变简支约束梁的截面尺寸和跨度，为试件提供不同的约束刚度值。该试验共选取 13 个级别的约束刚度，如表 4-2 所示。约束梁用弹簧钢制造，在所有试验中最大应力不超过其材料的比例极限。

表 4-2　约束梁的约束刚度

约束梁截面宽度×高度/mm	约束梁跨度/mm	约束刚度 k_T/(kN/mm)
300×40	1315	7
300×60	1045	47
300×80	1135	87
300×80	1100	95
300×80	1050	109
300×80	1000	126
300×80	950	148
300×80	920	162
300×120	1310	190
300×120	1151	280
300×120	1049	370
300×120	976	460
300×120	920	549

六、试验过程

① 除锈。由于试件长期放置在室外，表面被氧化生锈。为了防止试件在电阻炉内加热受压时铁锈脱落引起电阻丝短路，用砂纸进行除锈。

② 打孔。为了能够准确测量试件的温度，按照图4-5尺寸对其进行打孔。

③ 称重。

④ 测量端板体积，换算试件截面面积。

⑤ 计算初荷载。由式(4-1)计算初始加载力值。

⑥ 安装试件。把试件放入电阻炉，调整位置，放入垫块，推炉入位，水平对中，铅直对中。

⑦ 放置热电偶。将热电偶通过电阻炉壁相应空洞处插入步骤②所打孔中。

⑧ 盖上电阻炉炉盖。

⑨ 安装百分表。

⑩ 调整约束梁位置。使加载点位于约束梁跨中。

⑪ 开启油泵，加压。油泵压力 p＝(最大力值/79)＋(1～2)MPa。锁紧加压阀。

⑫ 设定升温程序。

⑬ 开启风冷、水冷系统。

⑭ 打开软件，确定试验参数。

⑮ 单击温度开始、变形开始按钮，采集温度值、变形值。

⑯ 加载。力值清零，单击力控方式加载，此时活塞动作，预加默认荷载。当荷载不增长时，变形清零，开始存储数据，输入步骤⑤所计算荷载，以适当速率加载至目标值。存储数据的时间间隔设为30s。

⑰ 调整约束支座。当力值达到目标力值不变时，将两个约束支座顶到约束梁上。

⑱ 开启加热程序。

⑲ 保持力值。试验过程中保持活塞对试件加载力值恒定。

⑳ 试验结束。试件破坏，试验进入保护程序，自动卸载。停止存储数据，存储曲线，卸下油压，关闭油泵，关闭水冷和风冷系统，停止加热，关闭温控电源。收起百分表，收起1、4热电偶，关闭总电源，试验结束。

第二节　试验结果与影响因素分析

一、试验结果

上节所述试验中，250根试件的温度应力试验数据非常庞大，表4-3仅给出钢柱约束刚度为95kN/mm、初应力水平为0.3、长细比为84的1次试验所得数据。

表 4-3 试验数据

t/s	$T/℃$	$\Delta T/℃$	N/kN	N_T/kN	$\Delta l/mm$	t/s	$T/℃$	$\Delta T/℃$	N/kN	N_T/kN	$\Delta l/mm$
0	25	0	131.75	0	0	1350	87	64	179.56	47.81	0.5
30	25	1	132.12	0.31	0	1380	89	65	181.19	49.56	0.52
60	26	3	132.44	0.69	0	1410	90	67	183.12	51.24	0.54
90	28	5	133	1.12	0.01	1440	92	69	184.75	52.94	0.56
120	30	6	133.37	1.49	0.01	1470	94	71	186.37	54.68	0.58
150	31	6	133.81	2	0.02	1500	96	73	188.44	56.63	0.6
180	31	7	134.25	2.44	0.02	1530	98	74	190.44	58.5	0.62
210	32	9	134.87	2.99	0.03	1560	99	76	192.44	60.69	0.64
240	34	11	135.81	3.93	0.03	1590	101	78	194.12	62.31	0.66
270	36	12	136.5	4.62	0.04	1620	103	80	196.31	64.37	0.68
300	37	13	137.06	5.31	0.05	1650	105	82	198.19	66.25	0.7
330	38	14	137.75	6.06	0.06	1680	107	84	200.25	68.5	0.72
360	39	15	138.75	7	0.07	1710	109	85	202.12	70.37	0.74
390	40	17	139.56	7.75	0.08	1740	110	87	204.25	72.44	0.76
420	42	18	140.37	8.62	0.09	1770	112	89	206.31	74.5	0.78
450	43	18	140.87	9.24	0.1	1800	114	91	208.56	76.68	0.8
480	43	19	141.5	9.87	0.1	1830	116	93	210.69	78.75	0.82
510	44	20	142.37	10.56	0.11	1860	118	95	213	81.06	0.85
540	45	21	143.25	11.62	0.12	1890	120	97	215.12	83.31	0.87
570	46	23	144.06	12.5	0.13	1920	122	99	217.25	85.44	0.89
600	48	24	145.06	13.37	0.14	1950	124	101	219.75	87.94	0.92
630	49	26	145.81	14.31	0.16	1980	126	103	222.5	90.19	0.95
660	51	27	146.69	15.19	0.17	2010	128	105	224.81	92.56	0.97
690	52	28	147.75	16.25	0.18	2040	130	107	227.19	94.94	1
720	53	30	148.87	17.43	0.19	2070	132	109	229.31	97.56	1.03
750	55	31	149.87	18.56	0.2	2100	134	111	231.87	100.12	1.06
780	56	33	151.06	19.75	0.22	2130	136	113	234.56	102.75	1.09
810	58	35	152.44	21	0.23	2160	138	116	237.25	105.5	1.13
840	60	36	153.81	22.31	0.24	2190	141	118	239.94	108.06	1.16
870	61	37	155	23.5	0.26	2220	143	120	242.56	110.75	1.19
900	62	38	156.19	24.75	0.27	2250	145	122	244.31	113.18	1.22
930	63	40	157.56	26	0.29	2280	147	125	248	116.69	1.25
960	65	42	159.06	27.5	0.3	2310	150	127	251.19	119.31	1.28
990	67	43	160.44	28.88	0.31	2340	152	129	253.94	122.13	1.31
1020	68	45	161.75	30.25	0.33	2370	154	132	257	125.19	1.35
1050	70	47	163.19	31.75	0.34	2400	157	134	260.06	128.25	1.38
1080	72	48	164.75	33.19	0.36	2430	159	137	263.12	131.24	1.41
1110	73	50	166.37	34.87	0.37	2460	162	139	266.12	134.31	1.44
1140	75	51	167.81	36.12	0.39	2490	164	141	269.06	137.06	1.48
1170	76	53	169.37	37.74	0.4	2520	166	143	272	140.31	1.51
1200	78	55	171.12	39.31	0.42	2550	168	145	274.75	143.19	1.54
1230	80	56	172.62	40.87	0.43	2580	170	148	277.56	146	1.57
1260	81	58	174.37	42.56	0.45	2610	173	150	280.69	149.13	1.6
1290	83	60	176.12	44.43	0.47	2640	175	153	283.69	152.06	1.63
1320	85	62	177.75	46.06	0.48	2670	178	155	286.5	154.94	1.66

续表

t/s	$T/℃$	$\Delta T/℃$	N/kN	N_T/kN	$\Delta l/mm$	t/s	$T/℃$	$\Delta T/℃$	N/kN	N_T/kN	$\Delta l/mm$
2700	180	158	289.56	157.93	1.7	3930	275	252	378.87	247.24	2.92
2730	183	160	292.5	160.87	1.73	3960	277	254	380.37	248.74	2.93
2760	185	163	295.37	163.81	1.77	3990	279	256	382	250.31	2.95
2790	188	165	298.06	166.56	1.8	4020	281	258	383.19	251.5	2.97
2820	190	167	300.87	169.37	1.84	4050	283	260	384.62	252.99	2.99
2850	192	170	303.56	172.06	1.88	4080	285	263	385.94	254.44	3.01
2880	195	172	306.44	174.75	1.91	4110	288	265	387.25	255.69	3.02
2910	197	174	309.19	177.63	1.95	4140	290	268	388.44	256.88	3.04
2940	199	177	311.56	180.18	1.99	4170	293	270	389.69	258.13	3.04
2970	202	179	314.44	182.81	2.02	4200	295	273	390.62	259.06	3.05
3000	204	182	317.06	185.37	2.06	4230	298	275	391.56	260	3.06
3030	207	184	319.5	187.87	2.1	4260	300	278	392.25	260.81	3.07
3060	209	187	322.19	190.56	2.13	4290	303	280	393	261.56	3.08
3090	212	189	324.62	192.93	2.16	4320	305	283	394	261.25	3.08
3120	214	192	326.87	195.18	2.19	4350	308	284	394.12	261.62	3.09
3150	217	194	329.19	197.56	2.22	4380	309	286	394.25	261.75	3.09
3180	219	196	331.5	199.94	2.25	4410	311	289	394.5	261.94	3.09
3210	221	198	333.87	202.24	2.29	4440	314	291	394.37	261.93	3.08
3240	223	201	336.06	204.56	2.31	4470	316	294	394.31	261.56	3.08
3270	226	202	338.31	206.81	2.34	4500	319	296	393.87	261.18	3.08
3300	227	204	340.62	209.06	2.37	4530	321	298	393.94	260.06	3.06
3330	229	207	342.56	211	2.4	4560	323	301	392.31	260.56	3.06
3360	232	209	344.5	212.87	2.43	4590	326	303	391.69	259.94	3.05
3390	234	212	346.75	215.19	2.47	4620	328	306	390.62	258.74	3.04
3420	237	214	348.94	217.31	2.5	4650	331	308	388.69	257.13	3.03
3450	239	216	351.12	219.49	2.53	4680	333	311	387.56	255.93	3
3480	241	218	352.94	221.38	2.56	4710	336	312	386.5	254.75	2.98
3510	243	221	354.75	223.12	2.58	4740	337	314	384.44	252.63	2.96
3540	246	223	356.56	224.93	2.6	4770	339	317	382.25	250.56	2.93
3570	248	226	358.5	227	2.63	4800	342	319	380.25	248.56	2.91
3600	251	228	360.31	228.75	2.65	4830	344	321	377.94	246.31	2.88
3630	253	230	362.19	230.63	2.68	4860	346	323	375.75	244.19	2.85
3660	255	232	364.06	232.37	2.7	4890	348	325	373.25	241.81	2.82
3690	257	234	365.81	234.12	2.73	4920	350	327	370.87	239.31	2.78
3720	259	237	367.62	235.93	2.75	4950	352	330	368.25	236.87	2.75
3750	262	239	369.19	237.5	2.77	4980	355	332	365.44	233.94	2.71
3780	264	241	370.94	239.19	2.8	5010	357	334	362.62	231.12	2.67
3810	266	243	372.44	240.81	2.82	5040	359	336	359.44	228.56	2.64
3840	268	245	374	242.69	2.85	5070	361	338	356.87	225.87	2.6
3870	270	248	375.87	244.18	2.87	5100	363	340	354.37	223.31	2.56
3900	273	250	377.31	245.68	2.89	5130	365	342	351.75	220.06	2.52

表中　t——时间，s；

　　　T——试件温度，℃；

ΔT——试件温升，℃；

N——试件轴力，kN；

N_T——温度轴力，kN，由 $N-N_0$ 计算确定，N_0 为初始轴力；

Δl——变形，mm。

由表中数据绘制温升-轴力关系图、温升-温度轴力关系图和温升-变形关系图。

试验中随着温度的升高，试件的轴心压力和变形有着相同的变化趋势。都是在前一阶段升高而后一阶段下降，且改变趋势几乎相同。试件受到温度和压力双重荷载的作用下，会产生由温度升高引起的膨胀应变和温度、压力共同作用引起的荷载应变。试验开始阶段，试件温度较低，试件的弹性模量较大。温度逐渐升高，此时由温度升高引起的膨胀应变大于由温度、压力共同作用引起的荷载压缩应变，因此试件在温度、压力双重作用下总趋势呈现膨胀状态。试件伸长，钢梁和两根支座对其产生约束作用，试件内产生温度应力，引起作用在试件轴向上的轴力增大，即图 4-6 和图 4-7 中前一上升阶段。随着温度继续升高，试件弹性模量下降，逐步进入弹塑性阶段，此时膨胀应变开始接近于荷载压缩应变。温度进一步升高，膨胀应变小于荷载压缩应变，试件产生压缩变形，温度轴力开始下降，即图中后一下降阶段。破坏后部分试件照片如图 4-8 所示。

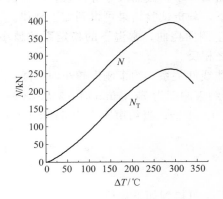

图 4-6　温升-轴力、温升-温度轴力关系图

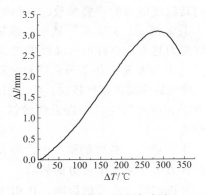

图 4-7　温升-变形关系图

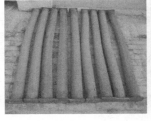

图 4-8　破坏后部分试件照片

二、温度应力影响因素分析

对试验数据结果进行分析，可总结出约束刚度、长细比、初应力水平和温升对温度应力的影响。

1. 约束刚度对温度应力的影响

具有多余约束是构件产生温度应力的必要条件之一，而约束刚度是衡量约束作用大小的物理参数。通过分析试验结果，在相同条件下，可得到如下规律。

① 约束刚度越大，温度应力越大，试件到达弹塑性阶段的温度和破坏温度越低，塑性平台越长；反之相反。

② 约束刚度与温度应力－温升曲线的初始斜率并非线性关系。约束刚度较小时，随其值增加，曲线斜率增加显著；反之相反。当约束刚度由 7549kN/mm 增大到 549kN/mm，增大约 78 倍时，曲线斜率增加 10～21 倍，长细比大的试件增加较小，反之相反。

③ 约束刚度很小时，如 7kN/mm，温度应力－温升曲线没有弹塑性阶段，而是由弹性直接进入塑性阶段；约束刚度较大时，曲线由弹性段进入弹塑性段，而后进入塑性阶段。

2. 长细比对温度应力的影响

长细比 λ 可以表征试件受力后侧向挠曲的大小，截面尺寸等因素，因而也是影响其温度应力的重要参数。在相同条件下，分析试验结果可得到如下规律。

① λ 越大，截面尺寸越小，越易于发生侧向挠曲，常温下的稳定系数越小，温度应力越大，试件的破坏温度越低；反之相反。

② λ 与温度应力-温升曲线初始斜率并非线性关系。约束刚度较小时，随 λ 增大，曲线斜率增加幅度较大；反之相反。当约束刚度为 7kN/mm 时，λ 从 84 减小到 30，相应的温度应力-温升曲线斜率减小约 2.1 倍；当约束刚度为 549kN/mm，减小约 0.7 倍。

③ λ 越小，构件的塑性平台越长。

3. 初应力水平对温度应力的影响

分析初应力水平的影响，在相同条件下，可得到如下规律。

① 初应力水平并不影响温度应力-温升曲线的弹性阶段斜率，曲线在温度较低时基本重合，斜率相同。

② 初应力水平越低，温度应力峰值越大，温度应力-温升曲线从初始重合曲线上分离越晚；反之相反。

③ 初应力水平影响温度应力-温升曲线弹塑性阶段的斜率：初应力水平越低，曲线弹塑性阶段的斜率越大；反之越小。

④ 初应力水平基本不影响温度应力-温升曲线的弹塑性、塑性阶段的长度。

4. 温升对温度应力的影响

对比分析所有实测温度应力-温升曲线可知，随温升增大，温度应力曲线分为 4 个阶段。

① 温升较小时，温度应力与温升呈线性关系，在此把该阶段划分为温度弹性阶段（与常温下的弹性阶段有区别，比如卸载后变形不一定能完全恢复）。

② 随温升增大，温度应力增长变缓，呈非线性关系，但仍可用线性关系来描述，只是曲线的斜率比温度弹性阶段要小，把该阶段划分为温度弹塑性阶段。

③ 随温升继续增大，温度应力保持不变，把该阶段划分为温度塑性阶段。

④ 最后随温升增大温度应力变小，构件失效破坏，把该阶段划分为温度破坏阶段。

第三节　试验总结的轴心约束钢构件温度应力计算函数介绍

一、温度应力计算函数的回归

根据上述大量试验数据，回归构建轴心约束钢构件的温度应力计算函数。

在温度应力计算中，引入如下参数。

① 钢构件的平均温升 ΔT，℃。

② 钢构件的长细比 λ 和考虑钢材强度后长细比 $\bar{\lambda}$：

$$\bar{\lambda} = \lambda \sqrt{f_y/235} \tag{4-2}$$

式中　f_y——常温下钢材强度，N/mm²。

③ 钢构件的轴向约束刚度 k_T，N/mm。为简化计算公式，引入钢构件的轴向相对约束刚度 G（N/mm）和综合参数 B，分别按式(4-3)、式(4-4) 计算。

$$G = \frac{k_T \times 10^{-3}}{1 + \frac{k_T L}{EA}} = \frac{k_T \times 10^{-3}}{1 + \frac{k_T}{70.06 E/\bar{\bar{\lambda}}}} \tag{4-3}$$

$$B = \frac{k_T \times 10^{-3}}{1 + \frac{k_T}{70.06 E/\bar{\bar{\lambda}}}} \varphi \tag{4-4}$$

$A/L = 70.063/\bar{\lambda}$ 由钢管截面参数回归得到；

式中　φ——轴心受压构件的稳定系数，参见《钢结构设计规范》（GB 50017—2003）。

④ 初始应力水平 k_0。

$$k_0 = N_0/(f_y A) \tag{4-5}$$

式中　N_0——初始轴力，N。

屈立军教授带领的课题组通过大量的试验研究，将温度应力水平分为 4 段：温度弹性阶段，温度应力与温升呈线性关系；温度弹塑性阶段，温度应力与温升呈非线性关系，但仍可用线性关系来描述，只是曲线的斜率比温度弹性阶段要小；温度塑性阶段，随温升增大温度应力保持不变；温度破坏阶段，随温升增大温度应力变小，构件失效。温度应力水平的计算公式如下：

$$k_\sigma = \begin{cases} k_1 \Delta T & (\Delta T \leqslant T_1) \\ k_1 T_1 + (1.4 - 2k_0) k_1 (\Delta T - T_1) & (T_1 < \Delta T \leqslant T_1 + T_2) \\ k_1 T_1 + (1.4 - 2k_0) k_1 T_2 & (T_1 + T_2 < \Delta T \leqslant T_1 + T_2 + T_3) \end{cases}$$

(4-6)

式(4-6)中，弹性段斜率 k_1、各段温度分界点 T_1、T_2、T_3 分别由以下各式计算：

$$k_1 = 6 \times 10^{-6} + c_1 B + c_2 B^2 \tag{4-7}$$

$$c_1 = 1.879 \times 10^{-4} + \cfrac{-1.801 \times 10^{-4}}{1 + \exp\left(\cfrac{\bar{\lambda} - 112.16}{26.917}\right)} \tag{4-8}$$

$$c_2 = \left(-1.54 \times 10^{-6} + \cfrac{1.532 \times 10^{-6}}{1 + \exp\left(\cfrac{\bar{\lambda} - 120.1}{19.179}\right)}\right) \tag{4-9}$$

$$T_1 = 250(0.5 - k_0) + 103 + \cfrac{323.96}{\left[1 + \exp\left(\cfrac{\ln(k_T \times 10^{-3}) - 3.466}{0.623}\right)\right]} \tag{4-10}$$

$$T_2 = 7\ln(k_T \times 10^{-3} - 6) \tag{4-11}$$

$$T_3 = \ln(G - 3)(40 - 0.28 \times \bar{\lambda}) \tag{4-12}$$

上述计算方法考虑了初始应力水平、温度、长细比和约束刚度对钢构件温度应力的影响，因此将温度应力水平函数简单表述如式(4-13)。

$$k_\sigma = k_\sigma(k_0, \lambda, k_T, \Delta T) \tag{4-13}$$

二、误差分析

按以上各式计算，236 根钢柱的实测温度应力共计 32997 个数值点与计算数值的误差如下。

绝对平均误差为 4.33MPa，大约相当于实际钢材强度的 1.1%。相对平均误差为 5.6%。五次试验的实测温度应力与模型计算结果对比于图 4-9。

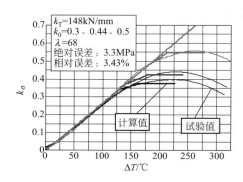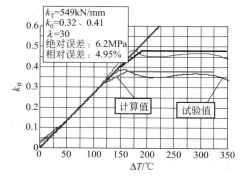

图 4-9 试验与计算结果对比

误差较大部分发生在升温初期 50℃ 前，因约束梁、试件、设备间隙所致。弹塑性阶段、曲线末段部位误差也较大，影响原因可能是材质、试件安装对中不准等。

三、稳定性分析

在温度应力计算公式中，如果曲线弹性段的斜率 k_1 对约束刚度 k_T 和长细比 $\bar{\lambda}$ 是稳定的，则温度应力计算公式就是稳定的。由回归公式计算的 $\bar{\lambda}$ 与 k_1 的关系如图 4-10 所示。由图 4-10 可见，在 $30 \leqslant \bar{\lambda} \leqslant 125$ 期间并无振荡和突变，可以认为 $\bar{\lambda}$ 对 k_1 的影响是稳定的。钢柱的轴向约束刚度 k_T 与 k_1 的关系如图 4-11 所示。在 $10 \leqslant k_T \leqslant 2960(\infty)$ 范围内，k_1 值单调增大，期间也无振荡和突变。所以，轴向约束刚度 k_T 对 k_1 的影响是稳定的。

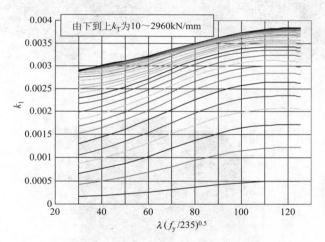

图 4-10　k_1-$\bar{\lambda}$ 关系

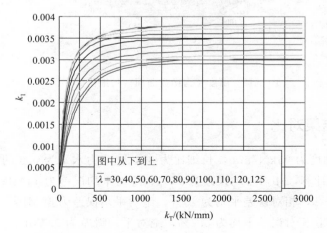

图 4-11　k_1-k_T 关系

四、温度应力函数全貌

同一长细比，初应力为 0.5，按回归公式计算的温度应力函数曲面如图 4-12 所示。同一约束刚度下，初应力为 0.5，按回归公式计算的温度应力函数曲面如图 4-13 所示。

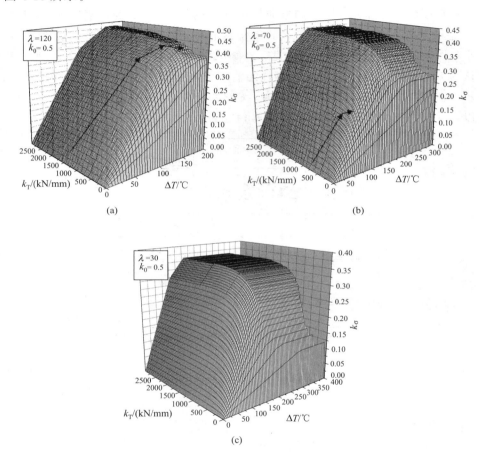

图 4-12　温度应力函数曲面（长细比为常数）

五、计算结果对比

以约束刚度为 95kN/mm，长细比为 84，初应力水平为 0.3 的试验为例，用 ANSYS 软件计算，相对平均误差为 17%，绝对平均误差为 14MPa；用 CECS：200 弹性法计算，相对误差平均为 45%，绝对平均误差为 46MPa。用本研究温度应力函数计算，相对误差平均为 3.3%，绝对平均误差为 2.7MPa，计算精度比现行分析方法明显提高。图 4-14 为温度应力函数与其他计算方法计算结果的对比。

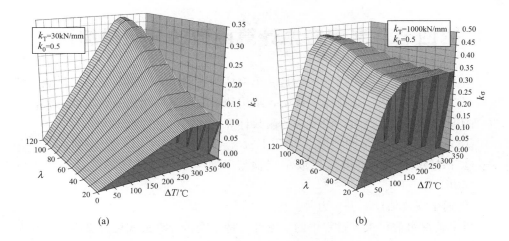

(a)　　　　　　　　　　　　　(b)

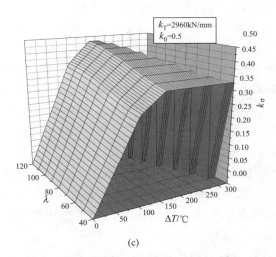

(c)

图 4-13　温度应力函数曲面（约束刚度为常数）

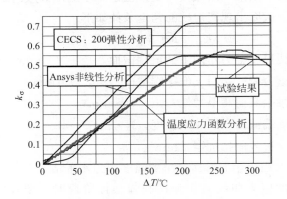

图 4-14　温度应力函数计算结果对比

第四节　温度应力计算函数的分段叠加法

上节所介绍温度应力计算函数是基于钢柱约束刚度不变情况下的实际试验结果所回归的计算公式，在实际工程中，结构约束刚度不变化或变化幅度不大，或约束刚度数值较大，此时，温度应力函数计算公式的斜率变化不大。

① 钢柱位于多层框架顶层以下层时。

② 钢柱位于多层框架顶层或单层框架，网架、桁架压杆的常温下约束刚度≥100kN/mm时。

③ 偏于安全估计温度应力时。

以上情况可假设火灾过程中约束刚度保持不变，计算公式可直接应用。在温度应力曲面上，温度应力沿轴向约束刚度 k_T 不变的一条路径上升到最终状态。

高温下，钢框架各构件弹性模量随温度变化，构件约束刚度也是变化的，直接采用试验总结的公式(4-6)计算可能会过高的估计温度应力水平。本节中采用温度应力计算函数的分段叠加方法计算温度应力，其本质是把构件受热过程分离成若干时段，每一时段采用随温升变化的约束刚度（在该时段内认为约束刚度不变），最后的温度应力为各时段应力增量的累加。具体步骤如下。

① 把构件的升温过程用 Δt 离散为 n 个时段。第 i 时段的温升为 $\Delta T(i)$，约束刚度为 $k_T(i)$，并取初始温升 $\Delta T(0)=0$，$k_\sigma(0)=0$。

② 由第三章所构建钢构件温度计算模型计算结构构件从 0 到 i（$i=1 \sim n$）时刻的各构件的温升。在计算钢柱轴向约束下的温度应力时，温升取目标柱相对于与之相连的横梁远端支承柱的平均温升 $\Delta T(i)$。在计算钢梁轴向约束的温度应力时，温升为钢梁自身温升。

③ 由结构力学计算 i 时刻约束构件的约束刚度 $k_T(i)$。在柱温度轴力作用下，约束结构横梁某刚接节点截面出现塑性铰时，把该节点由原来的刚接改为铰接计算约束刚度。截面出现塑性铰的判定条件如下：

$$M_{N_T} + M_0 \geqslant M_{f_{yT}} = W f_{yT} \tag{4-14}$$

式中　M_{N_T}——柱温度轴力作用下的梁端截面弯矩，N·mm；

　　　　M_0——重力荷载作用下的梁端截面弯矩，N·mm；

　　　　$M_{f_{yT}}$——梁端截面高温塑性弯矩，N·mm；

　　　　f_{yT}——梁端截面高温屈服强度，N·mm²；

　　　　W——梁端截面抵抗矩，mm³。

④ 计算 i 时段内由于温升所产生的温度应力水平增量。

当各时段温度应力曲线处在弹性和弹塑性阶段时，按式(4-15)计算增量（增量值为正）。具体为，在 i 时段中，计算构件约束刚度 $k_T(i)$，然后保持 k_T

(i) 不变，温升由 $\Delta T(i-1)$ 变为 $\Delta T(i)$，由式(4-15) 计算该温升条件下的温度应力的增量。

当某时段温度应力曲线进入塑性阶段后 [该时段仍按式(4-15) 计算温度应力增量]，按式(4-16) 计算增量（增量值为负）。具体即从下一时段起，保持温差 $\Delta T(i)$ 不变，计算构件在 $i-1$ 时刻和 i 时刻的约束刚度 $k_{\mathrm{T}}(i-1)$，$k_{\mathrm{T}}(i)$，分别代入式(4-16) 计算两种刚度下温度应力水平的增量：

$$\Delta k_\sigma(i) = k_\sigma[k_{\mathrm{T}}(i), \Delta T(i)] - k_\sigma[k_{\mathrm{T}}(i), \Delta T(i-1)] \tag{4-15}$$

$$\Delta k_\sigma(i) = k_\sigma[k_{\mathrm{T}}(i), \Delta T(i)] - k_\sigma[k_{\mathrm{T}}(i-1), \Delta T(i)] \tag{4-16}$$

⑤ 第 i 时刻的温度应力水平为 i 之前各时段温度应力水平增量的叠加，如式(4-17)：

$$k_\sigma(i) = \sum_{1}^{i} \Delta k_\sigma(i) \tag{4-17}$$

由上述方法对温度应力水平的计算过程，如图 4-15 所示（图中假设温度上升过程中，约束刚度均匀降低）。

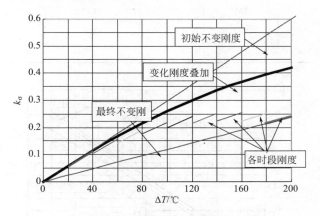

图 4-15　分段叠加法示意图

实际工况中，钢构件轴向约束刚度和温度随时间并非均匀变化，温度应力在上升过程中，或沿轴向约束刚度 k_{T} 逐次变小的多条路径分段上升到最终状态，计算路径如图 4-12(b)（$\lambda=70$）箭头所示，或先分段上升到塑性阶段，而后在不同的塑性平台上下降到最终状态，计算路径如图 4-12(a)（$\lambda=120$）箭头所示。

[算例]　单层两跨框架，横梁为连续梁，与柱铰接。在某种火作用下，中柱和约束梁的温度相同，两个边柱温度相同，各构件的温度如表 4-4 所示。钢梁的初始约束刚度为 50kN/mm，中柱长细比（考虑强度后）为 80，初应力水平为 0.3。要求估计其温度应力（不考虑横梁出现塑性铰）。

[解]　横梁温度较高，初始约束刚度值较小，采用分段叠加法计算。将火灾过程离散为 12 个时段，引入弹性模量降低系数，亦即约束刚度降低系数，分段叠加计算结果如表 4-4 和图 4-16 所示。

表 4-4 分段叠加法计算结果

时间 /min	边柱平均温度 /℃	中柱和约束梁 温度/℃	中柱平均 温升/℃	各时段约束 刚度值 /(kN/mm)	各时段温度 应力增量	温度应力 （增量累加）
0	20	20	0	50	0	0
5	28	42	14	50	0.01908	0.01908
10	40	73	33	49.8	0.02582	0.04491
15	54	107	53	49.4	0.02704	0.07195
20	68	143	75	48.9	0.02956	0.10151
25	83	179	96	48.4	0.02801	0.01295
30	98	216	118	47.8	0.02910	0.15861
35	113	251	138	47.2	0.02619	0.18481
40	129	287	158	46.5	0.02591	0.21072
45	144	321	177	45.6	0.02430	0.23501
50	160	355	195	44.7	0.02270	0.25771
55	175	387	212	43.6	0.02107	0.27878
60	191	419	228	42.5	0.01945	0.29823

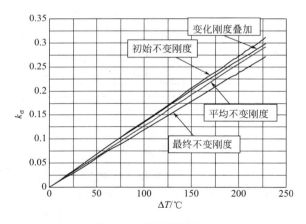

图 4-16 算例计算结果

其他条件相同，只是初始刚度不同时，分别按初始不变刚度、平均不变刚度、最终不变刚度和变化刚度叠加计算的终点结果列于表 4-5。为简化计算，在实际工程中不考虑刚度变化，均按初始不变刚度计算温度应力，其结果误差不大。初始刚度变小，误差增大，但不超过 5%。与按平均不变刚度计算相比，叠加计算的温度应力变化曲线更接近于初始不变刚度计算的曲线。如果在温度应力增长过程中，横梁将出现塑性铰，温度应力最好采用分段叠加法计算。

表 4-5　各种计算方法终点温度应力

初始刚度/(kN/mm)	初始不变刚度计算 k_σ	平均不变刚度计算 k_σ	最终不变刚度计算 k_σ	变化刚度叠加计算 k_σ	叠加与按初始刚度计算误差
30	0.2132	0.1891	0.1823	0.2034	4.8%
50	0.3109	0.2916	0.2708	0.2982	4.3%
70	0.3850	0.3647	-0.3415	0.3721	3.5%
100	0.4576	0.4386	0.4238	0.4477	2.2%
200	0.5416	0.5315	0.5181	0.5373	0.8%

第五节　轴向约束作用下钢柱温度应力计算模型

　　高温下钢柱的轴向应力为常温荷载应力和附加温度应力的叠加。轴向约束下，钢柱由于膨胀受约束而产生温度应力。该温度应力与构件和周围构件温差、长细比、初应力水平和约束刚度有关。

　　高温作用下，钢构件温度升高，材料的力学性能发生变化，整体框架对钢柱的约束能力也发生变化。约束能力越大，目标柱的温度应力越大。由于钢柱所受高温热作用工况不同，目标柱和相邻柱之间存在温差。温差越大，目标柱较其他构件的变形越大，相应的温度应力也越大。式(4-13) 中 λ、k_0、k_T 在试验过程中均保持不变，而实际受热过程中框架柱的约束刚度随温升而变小。因此利用式 (4-13) 计算温度应力的核心问题是约束刚度随温度的变化问题。

一、柱轴向约束刚度

1. 计算方法

　　底层框架柱顶轴向约束刚度可用如图 4-17 所示模型计算。将目标柱从钢框架中分离出来，用单位力代替。用有限单元法对平面框架进行内力分析，可得 a 点的位移 Δa，即可由式(4-18) 得出目标柱柱顶轴向约束刚度 K_T。

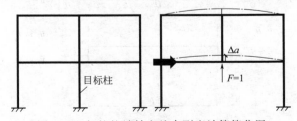

图 4-17　钢柱柱端轴向约束刚度计算简化图

$$K_{ZT}(T) = \frac{1}{\Delta a(T)} \qquad (4\text{-}18)$$

2. 初始弹性模量

　　由于底层框架各钢构件的弹性模量随温度降低，结构的刚度也随之改变。引入钢材弹性模量降低系数 k_E，见表 4-6。按式（4-19）计算弹性模量。

$$E_T = k_E E \tag{4-19}$$

式中，E 为常温弹性模量，取 $2.06 \times 10^5 \, \text{N/mm}^2$。

表 4-6　弹性模量降低系数 k_E 与温度的关系

温度/℃	—	—	30	40	50	60	70	80	90	100
k_E	—	—	1.000	0.990	0.988	0.987	0.985	0.984	0.984	0.983
温度/℃	110	120	130	140	150	160	170	180	190	200
k_E	0.982	0.981	0.981	0.980	0.978	0.977	0.975	0.973	0.971	0.968
温度/℃	210	220	230	240	250	260	270	280	290	300
k_E	0.965	0.962	0.958	0.954	0.949	0.943	0.937	0.931	0.924	0.917
温度/℃	310	320	330	340	350	360	370	380	390	400
k_E	0.909	0.901	0.892	0.882	0.872	0.862	0.851	0.840	0.829	0.817
温度/℃	410	420	430	440	450	460	470	480	490	500
k_E	0.804	0.792	0.779	0.766	0.753	0.739	0.726	0.713	0.699	0.686
温度/℃	510	520	530	540	550	560	570	580	590	600
k_E	0.672	0.659	0.647	0.634	0.622	0.611	0.600	0.589	0.580	0.571

3. 内力分析

钢框架结构梁柱的连接方式有三种：刚接、半刚接和铰接。本研究只考虑梁柱刚接和铰接两种情况。

采用有限单元法对平面杆系进行内力分析。在单元局部坐标系统下，设平面杆系结构的任意一个单元，始端节点为 i，终端结点为 j。每个结点受轴力、剪力和弯矩三种作用力，分别对应水平位移、竖直位移和转角位移，如图 4-18 所示。结点力向量和结点位移向量如式（4-20）、式（4-21）：

$$\{\overline{F}\} = \{\overline{X}_i \, \overline{Y}_i \, \overline{M}_i \, \overline{X}_j \, \overline{Y}_j \, \overline{M}_j\}^T \tag{4-20}$$

$$\{\delta\} = \{\overline{u}_i \quad \overline{v}_i \quad \overline{\theta}_i \quad \overline{u}_j \quad \overline{v}_j \quad \overline{\theta}_j\}^T \tag{4-21}$$

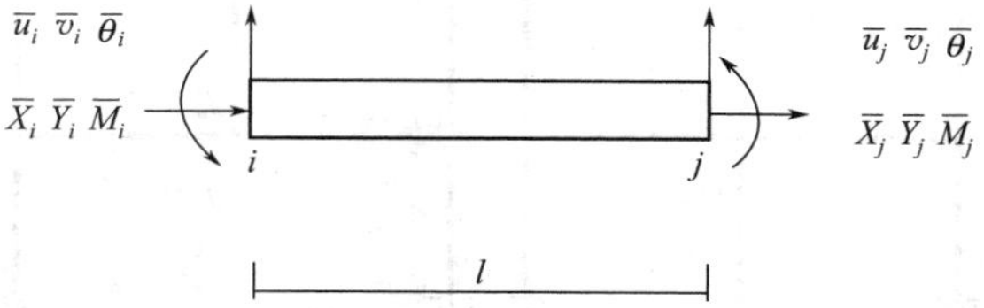

图 4-18　平面杆系单元示意图

用单元刚度矩阵来描述单元结点力 $\{\overline{F}\}$ 与单元结点位移 $\{\overline{\delta}\}$ 之间的关系［见式（4-22）］。平面杆系单元刚度矩阵如式（4-23）：

$$\{\overline{F}\} = [\overline{k}]\{\overline{\delta}\} \tag{4-22}$$

$$[\bar{k}] = \begin{bmatrix} \dfrac{EA}{l} & 0 & 0 & \dfrac{EA}{l} & 0 & 0 \\[2mm] 0 & \dfrac{12EI}{l^3} & \dfrac{6EI}{l^2} & 0 & -\dfrac{12EI}{l^3} & \dfrac{6EI}{l^2} \\[2mm] 0 & \dfrac{6EI}{l^2} & \dfrac{2EI}{l} & 0 & -\dfrac{6EI}{l^2} & \dfrac{2EI}{l} \\[2mm] -\dfrac{EA}{l} & 0 & 0 & \dfrac{EA}{l} & 0 & 0 \\[2mm] 0 & -\dfrac{12EI}{l^3} & -\dfrac{6EI}{l^2} & 0 & \dfrac{12EI}{l^3} & -\dfrac{6EI}{l^2} \\[2mm] 0 & \dfrac{6EI}{l^2} & \dfrac{2EI}{l} & 0 & -\dfrac{6EI}{l^2} & \dfrac{4EI}{l} \end{bmatrix} \quad (4\text{-}23)$$

将单元刚度矩阵 $[\bar{k}]$ 按式(4-24)进行坐标变换,转化为整体坐标系下的刚度矩阵 $[k]$。

$$[k] = [T]^T[\bar{k}][T] \quad (4\text{-}24)$$

式中,$[T]$ 为坐标变化矩阵,按下式计算:

$$[T] = \begin{bmatrix} \cos a & \sin a & 0 & 0 & 0 & 0 \\ -\sin a & \cos a & 0 & 0 & 0 & 0 \\ 0 & 0 & 1 & 0 & 0 & 0 \\ 0 & 0 & 0 & \cos a & \sin a & 0 \\ 0 & 0 & 0 & -\sin a & \cos a & 0 \\ 0 & 0 & 0 & 0 & 0 & 1 \end{bmatrix} \quad (4\text{-}25)$$

a 为单元局部坐标系 $\bar{x}\,i\,\bar{y}$ 与整体坐标系 xiy 的夹角,如图 4-19。

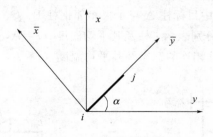

图 4-19 坐标变化图

设 $[k_i]$ 为第 i 个单元在整体坐标系下的单元刚度矩阵;$\{\delta_i\}$ 为第 i 个单元的结点位移向量,按式(4-26)计算;$\{\Delta\}$ 为结构的结点位移向量($N \times 1$);N 为结构总自由度数。

$$\{\delta_i\} = [C_i]\{\Delta\} \quad (4\text{-}26)$$

式中,$[C_i]$ 为第 i 个单元定位向量矩阵($6 \times N$)。

结构总刚度矩阵为 $[K]$,NE 为单元总数,则

$$[K] = \sum_{i}^{NE} [C_i]^T [k_i][C_i] = \sum_{i}^{NE} [K_i] \tag{4-27}$$

式中，$[K_i]$ 为第 i 个单元刚度矩阵对结构总刚度矩阵的贡献。

结构分析最后归结为解结构矩阵方程：

$$[K]\{\Delta\} = \{P\} \tag{4-28}$$

式中，$[K]$ 为结构总刚度矩阵；$\{P\}$ 为荷载向量，按式（4-29）计算；$\{\Delta\}$ 为待求的位移向量。

$$\{P\} = \{P_i\} + \{P_e\} \tag{4-29}$$

式中，$\{P_i\}$ 为结点荷载向量；$\{P_e\}$ 为非结点荷载向量。

求出位移向量 $\{\Delta\}$ 即可经过坐标变化求得各结点的位移和结构内力。由于钢框架各构件的弹性模量随温度升高而降低，因此在采用有限元法对高温作用下的钢框架进行内力分析时，弹性模量按式(4-19)取值。

二、温度应力的虚拟双轴对称计算方法

实际框架结构一般是双向空间框架，而且目标柱的温度应力受到与之相连构件的影响最大，因此本研究取如图 4-20 所示双向两跨框架为研究对象。当目标柱比周围相邻钢柱温升更高时，会同时受到强轴和弱轴两个方向的框架梁的约束作用产生温度应力，而目标柱在两个方向的长细比也可能不同。由于计算公式中温度应力随约束刚度并非线性变化，不能用两个方向的约束刚度分别计算温度应力，然后相加，应该用两个方向的总刚度来计算总的温度应力。但是，若利用总刚度一次计算温度应力，因目标柱与相邻钢柱的温差难以确定，目标柱两个方向的长细比也可能不同而难于实现。为解决以上问题，本研究采用如下方法计算钢柱的温度应力。

图 4-20 为底层框架中目标柱 A 与 4 根相邻钢柱 B、C、D、E 的结构和温升示意图。图中，Z_i 和 T_i 分别表示 i 柱及其平均温度（i＝A，B，C，D，E），℃；L_j 和 T_{Lj} 分别表示与目标柱相连的钢梁及其平均温度（j＝A，B，C，D），℃。

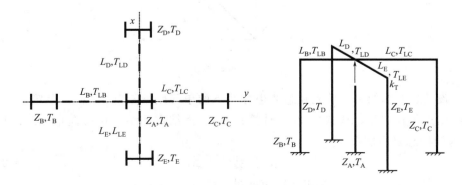

图 4-20　底层框架中构件结构和温升示意图

采用叠加方法按如下步骤计算钢柱温度应力：

① 整体结构拆分为如图 4-21 所示 1、2、3、4 跨，各跨包括其上层结构。

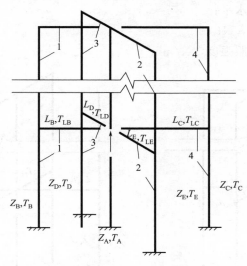

图 4-21　整体框架结构拆分示意图

② 利用对称性，将 1、2、3、4 跨分别关于目标柱 A 对称为 4 个双轴对称结构（见图 4-22）。图中所示的双轴对称结构中，各跨构件的所有参数均与图 4-21 相应跨相同。

③ 结构在轴向约束下的总温度应力用下式计算：

$$k_{H\sigma} = k_{\sigma B} + k_{\sigma C} + k_{\sigma D} + k_{\sigma E} \tag{4-30}$$

式中，$k_{\sigma i}$ 为第 i 根柱及其横梁组成的约束结构对目标柱的温度应力，由下式计算：

$$k_{\sigma B} = k_{\sigma}(k_0; \lambda_x, k_{TB}, \Delta T_B)/4 \tag{4-31}$$

$$k_{\sigma C} = k_{\sigma}(k_0, \lambda_x, k_{TC}, \Delta T_C)/4 \tag{4-32}$$

$$k_{\sigma D} = k_{\sigma}(k_0, \lambda_y, k_{TD}, \Delta T_D)/4 \tag{4-33}$$

$$k_{\sigma E} = k_{\sigma}(k_0, \lambda_y, k_{TE}, \Delta T_E)/4 \tag{4-34}$$

式(4-31)～式(4-34) 中，k_{Ti} 为由第 i 根柱虚拟的双向对称框架的约束刚度，N/mm。上述内容给出了平面框架的约束刚度的计算方法，由于对称性，按结构力学基本原理可由式(4-35) 计算双向框架的约束刚度；λ_x、λ_y 分别为目标柱对 x，y 轴的长细比；k_0 为目标柱的初始应力水平，在外荷载已知的情况下，利用有限元法解出目标柱常温下所受轴力，然后按式(4-36) 计算：

$$K_{Ti}(T) = 2K_{ZT}(T) = \frac{2}{\Delta_a(T)} \tag{4-35}$$

$$k_0 = \frac{N_0}{N} = \frac{N_0}{A\varphi f_y} \tag{4-36}$$

式中　A——构件横截面面积，mm^2；

　　　N——钢柱常温下屈服荷载，N；

　　　k_0——初应力水平；

　　　N_0——初荷载，N；

　　　f_y——钢柱屈服强度，N/mm^2。

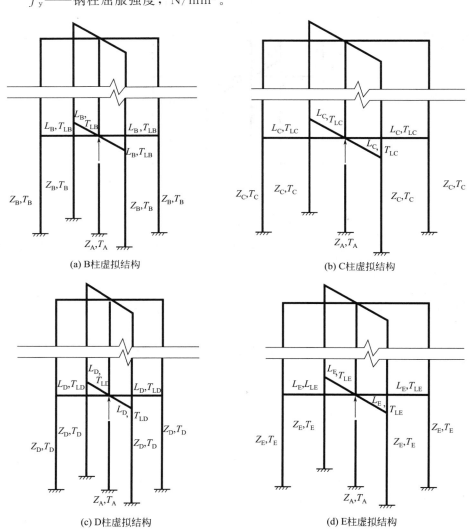

(a) B柱虚拟结构　　　　　　　　　　(b) C柱虚拟结构

(c) D柱虚拟结构　　　　　　　　　　(d) E柱虚拟结构

图 4-22　双向对称框架

　　温度虽然沿轴向为非均匀分布，但钢柱因温度升高而产生的热膨胀为线性膨胀，这种非均匀分布的温度与按第三章中式(3-30)计算所得的沿轴向平均温度所产生的应变是一样的，由该膨胀受约束而产生的温度应力也就一样。因此，取ΔT_i为目标柱 A 与第 i 根柱沿轴向平均温度的差值（℃），按式(4-37)计算：

$$\Delta T_i = T_A - T_i \tag{4-37}$$

用式（4-36）计算时，若约束结构横梁某刚接节点截面出现塑性铰时，把该节点由原来的刚接改为铰接计算约束刚度。

第六节 相邻梁水平推力作用下钢柱温度应力计算模型

当框架内某跨受高温作用，梁的膨胀受到柱子约束，对柱产生水平推力。梁的推力还会在柱上产生附加弯矩，增加钢柱的温度应力。有色金属厂房中，由于钢梁与炉料相对位置不同，钢柱两侧钢梁之间存在温差，同时左右跨度、截面可能不同，所以柱顶两侧推力不同。柱左右横梁两个水平推力相减即为梁对柱顶总的水平推力。本节研究该水平推力作用下钢柱的附加温度应力。

一、钢梁两端轴向约束刚度

底层框架钢梁两端轴向约束刚度可用如图 4-23 所示模型计算。将受热膨胀梁从钢框架中分离出来，用单位力代替。根据结构力学基本原理可得梁两端的相对位移 Δ_b，即可由式（4-38）得出目标柱柱端约束刚度 K_{VT}。由于底层框架各钢构件的弹性模量随着温度而变化，钢柱的刚度也随之发生变化。弹性模量按式（4-19）计算。

$$K_{VT}(T) = \frac{1}{\Delta_b(T)} = \frac{1}{\Delta_{b1}(T) + \Delta_{b2}(T)} \tag{4-38}$$

式中，Δ_{b1}、Δ_{b2} 为单位力作用下钢梁两端位移，mm。

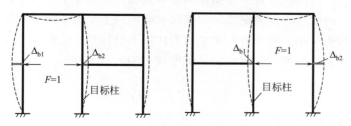

图 4-23 钢柱柱端水平方向约束刚度计算简化图

二、温度应力计算模型

为将试验结果回归的温度应力计算函数应用于计算由于相邻梁水平推力而对钢柱产生的温度应力，将利用式（4-38）计算的钢梁两端约束刚度 K_{VT1}、K_{VT2}，利用第三章建立的温度计算模型计算的左侧梁相对于环境的沿轴向平均温升 ΔT_1、右侧梁相对于环境的沿轴向平均温升 ΔT_2，长细比 λ_1、λ_2 和初始应力水平 k_{01}、k_{02}，分别代入式（4-39）、式（4-40）可计算出两侧梁的温度应力水平 $k_{\sigma1}$ 和 $k_{\sigma2}$。

$$k_{\sigma 1}=k_{\sigma}(k_{01},\lambda_1,k_{VT1},\Delta T_1) \tag{4-39}$$

$$k_{\sigma 2}=k_{\sigma}(k_{02},\lambda_2,k_{VT2},\Delta T_2) \tag{4-40}$$

则各梁对钢柱柱顶推力 N_{Ti} 按下式计算：

$$N_{Ti}=k_{\sigma i}f_y A_i \tag{4-41}$$

式中 N_{Ti}——一侧梁对柱顶水平推力，N；

A_i——i 侧梁横截面面积，mm^2。

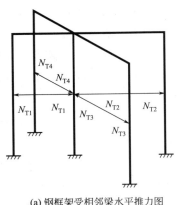

(a) 钢框架受相邻梁水平推力图

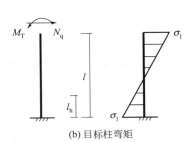

(b) 目标柱弯矩

图 4-24 目标柱顶水平推力计算模型

利用有限单元法计算单向平面框架在水平推力 N_T 作用下，目标柱顶剪应力 N_q 和弯矩 M_T［见图 4-24（b）］，按式（4-42）计算温度应力水平。计算假设截面的形心轴位置不随温度的变化而变化，由于钢材强度随着温度的升高而降低，因此选择钢柱温度最高位置作为钢柱的危险截面。钢框架中垂直方向的梁互相约束作用很小，因此可将双向框架分为纵向和横向两个平面框架分别计算，只考虑钢柱对梁的约束作用。两个方向水平推力作用下目标柱产生的温度应力计算方法相同，如图 4-24（a）所示，但得到的温度应力的方向不同。

$$k_{V\sigma}=\frac{M_L}{Wf_y}=\frac{M_T\pm N_q(l-l_h)}{Wf_y} \tag{4-42}$$

式中 l——目标柱高度，mm；

l_h——目标柱的验算点所在位置，mm；

W——目标柱截面抵抗矩，mm^3。

M_L——目标柱验算点处温度弯矩，N·mm；

M_T——目标柱顶温度弯矩，N·mm。

第七节 截面温差作用下钢柱温度应力计算模型

在炉料热辐射或者四面不均匀受火作用下，钢柱截面各板件温度分布是不均匀的。当截面温度分布不均匀，柱顶转动受到约束时，必然产生温度弯矩和温度应力。

在目标柱顶设置刚臂，目标柱变成两端固定，由前后翼缘温差引起的弯矩用结构力学计算。当应力增长，应变发展，材料可能进入弹塑性阶段，把受热过程用 Δt 离散，该时间间隔内弯矩增量为

$$M_{\mathrm{w}} = \frac{E_{\mathrm{T}} I}{h} a \left[(T_{1,i+1} - T_{1,i}) - (T_{2,i+1} - T_{2,i}) \right] \tag{4-43}$$

式中　　　E_{T}——目标柱在平均温度下的全过程弹性模量，按文献计算，$\mathrm{N/mm^2}$；

$T_{1,i+1}$、$T_{2,i+1}$——$i+1$ 时刻目标柱左右两侧板件沿轴向平均温度（$T_1 > T_2$），℃；

$T_{1,i}$、$T_{2,i}$——i 时刻目标柱左右两侧板件沿轴向平均温度，对于 Ⅰ 类设置形式 H 型钢柱分别取前翼缘和后翼缘的温度，对于方矩管钢柱分别取正面板件和背面板件温度，或者温度最高和最低的两个板件温度，℃；

　　　　　I——目标柱截面惯性矩，$\mathrm{mm^4}$；

　　　　　h——目标柱截面高度，mm；

　　　　　a——目标柱热膨胀系数，取 $1.0 \times 10^{-5}/℃$。

将弯矩增量 M_{w} 作为外力反向施加在目标柱柱顶节点，如图 4-25（a）所示。对该弯矩作用下的框架结构进行受力分析，计算出目标柱顶截面的弯矩增量和剪力增量，如图 4-25（b）所示。则目标柱在 t 时刻某截面位置处的温度应力水平按式（4-44）计算：

$$k_{M\sigma} = \sum_{i}^{t/\Delta t} \frac{M_{\mathrm{w}} \pm M_{\mathrm{Tw}} \pm N_{\mathrm{Tw}}(l - l_{\mathrm{h}})}{W f_{\mathrm{y}}} \tag{4-44}$$

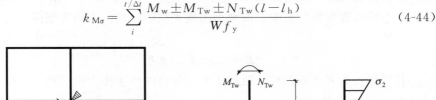
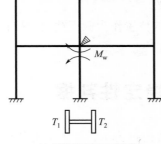

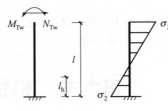

(a) 钢框架受温度弯矩图　　　　　　(b) 目标柱弯矩图

图 4-25　目标柱受力分析图

第八节　目标柱的总温度应力

温度弯矩在钢柱不同高度的截面是不同的，且在同一截面弯矩产生的正应力有的为压应力，有的为拉应力。通过计算得出，轴向约束下产生温度应力远大于

温度弯矩所引起的温度应力。因此，在轴向上将温度最高位置处选为钢柱的危险截面。

取目标柱为I类设置形式 H 型钢柱为例，在炉料热作用和轴向约束作用下，目标柱全截面受压。设目标柱在高温下，纵向相邻梁和横向相邻梁推力产生的弯矩方向如图 4-26(a)、(b) 所示，截面温差产生的温度弯矩方向如图 4-26(c) 所示，取截面温度最高的位置作为验算截面，则目标柱总温度应力用式(4-45) 计算：

$$k = k_{H\sigma} \pm k_{V\sigma 1} \pm k_{V\sigma 2} \pm k_{M\sigma} \tag{4-45}$$

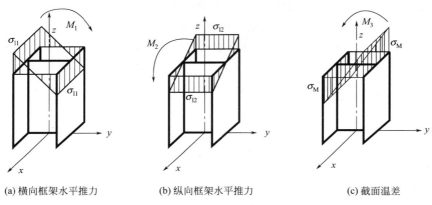

(a) 横向框架水平推力 (b) 纵向框架水平推力 (c) 截面温差

图 4-26 不同外力作用下温度应力示意图

若目标柱为Ⅱ类设置形式 H 型钢柱，在炉料热作用下，由于左右翼缘温差不大，忽略温度弯矩的影响，取截面温度最高的位置作为验算截面。目标柱总温度应力按式(4-46) 计算：

$$k = k_{H\sigma} \pm k_{V\sigma 1} \pm k_{V\sigma 2} \tag{4-46}$$

若目标柱为方矩管钢柱，取截面温度最高的位置作为验算截面，按计算Ⅰ类设置形式 H 型钢柱计算。

第九节 钢柱耐火稳定性判据

根据结构的极限状态设计原理，只有当结构抗力 R_f 大于作用效应 S_f 时，结构才处于可靠状态。高温下，对于给定的钢结构，结构抗力 R_f 是温度的函数。S_f 包括常温下作用效应和温度变化在构件内产生的温度应力效应。常温下作用效应可以用结构力学计算，也可用结构常温设计计算结果。随着温度的增加，构件内部产生的温度效应也会增加。当 $S_f = S_p + S_T \leqslant R_f$ 时，结构处于可靠状态，否则结构处于失效状态。在钢结构中，S_f 一般用正应力表达，抗力 R_f 则为钢材高温强度。

根据钢材的高温力学性能试验结果，钢材的强度与对应的应变有关，应变值选取得越大，其强度越高。目前对于极限状态时的荷载应变取值，尚未给出定论，但应变越小越偏于安全。《有色金属工程设计防火规范》（GB 50630—2010）中，取荷载应变为 0.5％时为极限状态。本研究利用文献所建立的应变-温度-应力材料模型，取荷载应变 ε 为 0.3％、0.4％和 0.5％时不同温度对应的临界抗力列于表 4-7 中，供设计人员参考。如图 4-27 为某工况下钢柱随着温度的升高，荷载效应（正应力）增大；而钢材的抗力随着温度的升高而降低。抗力和荷载效应两曲线的交点即为钢柱的临界状态。

表 4-7　构件临界温度一览表　　　　　　　单位：℃

ε	k												
	0.30	0.35	0.40	0.45	0.50	0.55	0.60	0.65	0.70	0.75	0.80	0.85	0.90
0.3％	567	555	551	533	518	504	476	470	427	365	306	210	123
0.4％	584	568	561	547	532	518	496	487	453	401	342	255	141
0.5％	601	581	570	560	547	532	515	505	478	436	377	300	158

注：表中 k 为钢材强度降低系数（控制截面应力水平）。

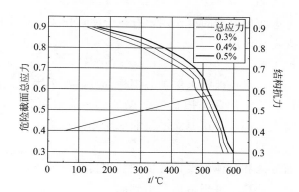

图 4-27　钢柱耐火稳定性判定曲线

如果柱子的耐火性能不足，可采用如下技术措施。

① 降低目标柱的轴向约束刚度：改善目标柱的约束条件，把与其相连的梁的连接由刚接改为铰接，或取消所设隔撑。

② 减小热作用：增大事故坑与柱之间的距离，增大层高，或改变柱子的翼缘垂直于炉料边长，对目标柱底部进行保护，或对钢梁进行屏蔽。

③ 增大柱截面面积：主要是增大柱翼缘厚度。

以上技术措施已经植入到系统中，可供使用者调看使用。

第五章
钢框架柱耐火稳定性评估系统

本章将介绍根据前面所建立的钢构件温度计算模型和钢柱温度应力计算模型，采用 VB 语言所开发的钢框架柱耐火稳定性评估系统。

第一节　系统功能与分析模型

该系统可对钢框架柱进行耐火稳定性计算与评估，软件编程计算的有关模型简要说明如下。

（1）火作用

该系统目前考虑两种典型的火作用：有色金属厂房安全坑中的炽热炉料和一般室内轰燃后的火灾热作用。

（2）构件保护工况

炽热炉料作用下，钢柱裸露未保护，钢柱部分高度采用砖、混凝土等包覆保护，钢梁裸露未保护或采用薄金属板屏蔽保护。一般室内轰燃后的火灾热作用下，钢梁、柱裸露未保护或采用厚涂型（非膨胀）涂料保护。

（3）温度分析模型

钢构件的截面分区和整体温度计算模型利用传热学原理所建立：炽热炉料作用下构件温度按分区计算，考虑截面和沿轴向的不均匀性；一般室内轰燃后的火灾热作用下假设室内温度均匀，构件截面和沿高度温度也均匀分布，也可考虑柱、梁（部分长度）位于防火分区以外的情况。

（4）温度应力计算模型

轴向约束和相邻横梁水平推力作用下钢柱温度应力的计算模型基于由试验总结的温度应力函数，采用分段叠加法计算；钢柱由截面温差产生的温度应力计算模型采用全过程弹性模量分析。

（5）初应力计算模型

采用常用结构力学内力方法分析内力，采用钢结构设计规范计算截面应力。

（6）钢柱抗力计算模型

采用钢材的恒载升温试验方法所建立的材料模型计算钢柱抗力，破坏应变分为 0.3％、0.4％和 0.5％共 3 级，由使用者自行选取。破坏应变值取用越小越偏于安全，一般推荐值为 0.5％。

（7）耐火稳定性评估对象

每次评估对象为1根受到火作用最大（温度最高）的钢框架内柱，但考虑了周边通过钢梁与目标柱相连的4根柱和上层最多10层梁、柱的约束作用，实际上采用的是子结构分析方法。评估对象——目标柱的选择条件：对有色炉料火作用：距离炉料最近，重力荷载作用下的应力水平较高。对一般室内轰燃后的火灾：保护层厚度较小，重力荷载作用下的应力水平较高。

（8）耐火稳定性判据

该系统依据下式判定耐火稳定性：当 $R_f \geqslant S_f$ 时，钢柱可保持耐火稳定性，安全；否则，钢柱失去耐火稳定性。式中 S_f 为荷载效应，包括有效重力荷载下产生的初应力、轴向约束所产生的温度应力、梁水平推力所产生的温度应力、截面温差所产生的温度应力。R_f 为钢柱相应截面的抗力。温度应力、荷载效应、构件抗力均以应力值与钢材常温强度之比给出，压力为正。

第二节　系统分析步骤与结构

一、分析步骤

对于给定的钢框架，该系统按如下步骤对其框架柱的耐火稳定性进行验算。

1. 读入数据

在有色金属厂房钢框架计算中，读入炉料基本参数，包括炉料的长度、宽度、厚度；炉料容重、比热容、灰度、初始温度和熔化热。读入要计算构件的规格及与其炉料的相对位置，将双向框架分为纵向框架和横向框架分别进行输入。读入框架几何参数，包括框架的层数、跨度、层高和截面形状；双向框架的边界条件，包括单元两端的约束条件、结点力和非结点力。在民用建筑钢框架计算中，读入钢柱所在房间的火灾荷载和通风系数，保护材料热参数、厚度、构件截面系数等。

2. 计算热作用层框架构件温度

将温度变化过程分为 n 个时段。计算每个时段内各构件温度场分布。定义公共变量 b（$i=1,2,3,4,5$）为钢柱编号，bl（$i=1,2,3,4$）为钢梁编号。$T(i,b)$ 为钢柱在时刻 i 沿轴向温度，$TL(i,bl)$ 为钢梁在时刻 i 沿轴向温度。$TI(i,m)$、$TT(i,m)$、$TB(i,m)$ 为目标柱各板件 m 位置在时刻 i 温度。计算不同类型、不同设置形式的钢构件温度场分布。对于框架两层以上构件，温度取常温。

3. 计算目标柱温度应力

将输入的双向框架变成四个对称双向框架。利用前面计算得到的热作用层框架各构件的温度，计算每个对称框架在轴向约束作用下 i 时刻目标柱的温度应力水平。具体过程可表示如下：

$$F = 1$$

$$T(i,b), TL(i,bl) \rightarrow \{E_i\} \rightarrow \{\Delta_i\} \rightarrow \{k_{Hoi} = k_\sigma(k_0, \lambda, k_{HTi}, \Delta T_i)\} \quad (i = 1, 2, \cdots, N)$$

计算每个单向框架中与目标柱相连梁的轴向约束刚度，得出梁两端的温度应力，进而算出梁水平推力作用下钢柱危险截面的温度应力水平。具体过程可表示如下：

$$F = 1$$

$$T(i,b), TL(i,bl) \rightarrow \{E_i\} \rightarrow \{\Delta_i\} \rightarrow \{k_{V\sigma i} = k_\sigma(k_0, \lambda, k_{VTi}, \Delta T_i)\} \rightarrow \{N_i\} \rightarrow \{k_{V\sigma i}\}$$

$$(i = 1, 2, \cdots, N)$$

计算由于板件温差存在而产生的温度弯矩，进而求出在该温度弯矩作用下，钢柱危险截面的温度应力水平。具体过程可表示如下：

$$T(i,b), TL(i,bl) \rightarrow \{E_i\}, \{M_i\} \rightarrow \{k_{Mi}\}$$

将上述过程算得三项目标柱的温度应力水平相加，求出钢柱总温度应力水平。

4. 判断目标柱耐火稳定性

当式(5-1)成立时，荷载效应小于结构抗力，目标柱安全；否则，改变构件截面参数重新评估。

$$k = k_0 + k_\sigma \leqslant f_{yT} \tag{5-1}$$

式中　k_0——目标柱初应力水平；

　　　k_σ——温度应力水平。

二、计算程序框图

根据上述分析步骤，编写非均匀受热钢柱的耐火稳定性评估程序，程序框图如图5-1。图中 t 为总计算时间。

1. 火(热)作用计算子程序

民用建筑一般室内火灾轰燃后的室内温度计算程序，根据第二章中所述热平衡理论进行计算，火（热）作用计算子程序 HRZY 流程图如图 5-2 所示。

有色金属厂房炉料温度由式(2-45)直接计算。

2. 构件温度计算子程序

对于有色金属厂房炉料的热作用，在计算双向框架底层构件各计算单元的温度以及钢柱截面最高温度、最高温度所在位置和钢柱各板件温度时，取 $\Delta x = \Delta y = 0.25$m，$\Delta t = 60$s。构件温度计算子程序 WDCX 流程图如图 5-3 所示。

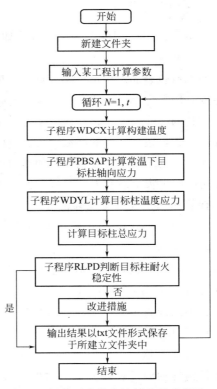

图 5-1　钢柱耐火稳定性评估程序框图

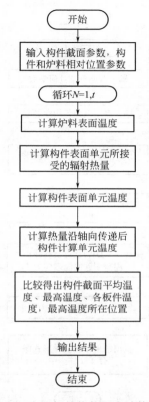

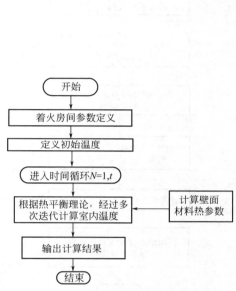

图 5-2　火（热）作用计算程序框图　　图 5-3　底层框架构件温度计算框图

对民用建筑框架柱，构件截面上及沿轴向温度均匀分布，按第三章第二节有关模型计算其温度。

3. 目标柱温度应力计算子程序

该系统根据第四章中关于温度应力的计算模型，编写目标柱温度应力水平计算程序 WDYL，流程图如图 5-4 所示。各子程序的功能介绍如下：

（1）子程序 ZXYS（轴向温度应力）

该子程序用来计算轴向作用下钢柱产生的温度应力。根据输入原始框架的几何参数和边界条件将其拆分成 4 个双向对称结构。读入构件温度，计算各温度下构件的弹性模量。在 4 个对称结构中除去目标柱以单位力代替，利用 PBSAP 子程序进行内力分析，得到目标柱柱顶位移，取倒数计算出约束刚度。采用分段叠加的方法计算 4 个对称框架轴向约束下钢柱在任意时刻的温度应力水平。最后计算原始框架中钢柱的温度应力水平。ZXYS 计算框图如图 5-5 所示。

（2）子程序 SPTL（梁水平推力作用下温度应力）

该子程序用来计算相邻梁水平推力下钢柱的温度应力水平。读入每个柱、梁在火（热）作用下的温度，计算梁的弹性模量。将输入的两个平面框架：横向框

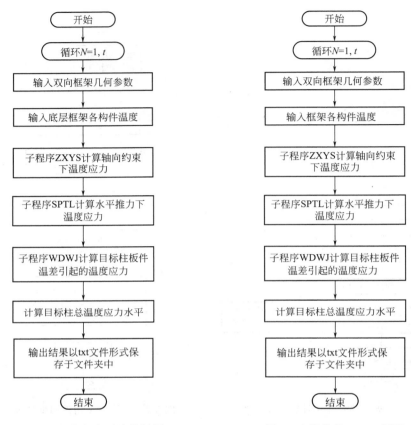

图 5-4　温度应力水平计算框图　　　图 5-5　子程序 ZXYS 框图

架和纵向框架，分别去除底层框架的一根梁用单位力代替，用 PBSAP 子程序计算该力作用下梁两端结点的相对位移并得出梁轴向约束刚度。采用考虑叠加法计算梁的温度应力。纵向框架和横向框架各自柱相邻两端梁的温度应力相减算出梁对柱的水平推力，利用 PBSAP 子程序计算该力作用下柱的温度应力水平。子程序 SPTL 计算程序框图如图 5-6 所示。

（3）子程序 WDWJ（截面温差产生的温度应力）

该子程序用来计算Ⅰ类设置形式 H 型钢柱和方矩管钢柱由于板件温差引起的温度应力。利用构件温度计算弹性模量。将由于温差而产生的温度弯矩作用在目标柱顶，用 PBSAP 程序计算该弯矩下目标柱产生的附加温度应力水平。具体的计算程序框图如图 5-7 所示。对民用建筑框架，因截面温度均匀分布，不产生温度弯矩。

（4）子程序 PBSAP（框架内力分析）

该子程序采用有限元法对整体钢框架进行内力分析。该系统用 VB 程序开发可视化窗口，将通过界面输入的约束条件转换成数字读入程序中进行计算。具体

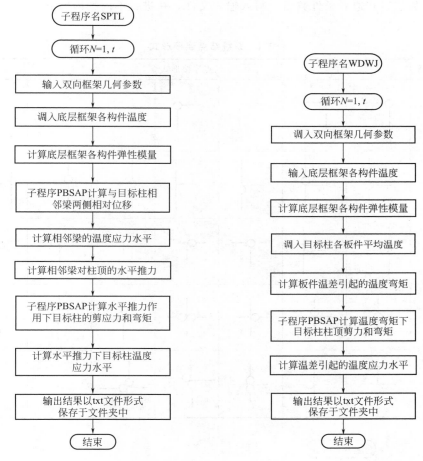

图 5-6　子程序 SPTL 框图　　　图 5-7　子程序 WDWJ 框图

即设单元的两个结点均有上下左右四个边界条件，刚接为 0，铰接为 1，不存在则默认为 2。通过用户的输入，系统就读入了不同的连接方式。系统可识别并通过预览器输出的连接方式如表 5-1 所示。若结点为铰接，则结点个数在原有基础上加 1。新增加的铰结点和原有结点的水平和竖直方向位移不变，多一个转角位移。PBSAP 程序框架图如图 5-8 所示。

　　系统中多次用到 PBSAP 子程序，但每次用到该子程序都必须对输入的整体框架做相应的改动才能计算。对整体框架的改动包括由整体框架数据变为四个对称框架数据；每个对称框架去掉目标柱用单位力代替；纵向框架和横向框架去掉某一框架梁，用一对单位力代替；对目标柱存在温差的构件，将计算出的温度弯矩作用在目标柱上。计算过程复杂繁琐，要求力必须正确的施加到指定的单元和结点上。因此系统中对框架所有的单元和结点按照如下顺序进行编号：结点顺序为先上到下，单元按照先柱后梁的顺序从上到下编号。以单元为自变量生成单元几何参数数组和边界条件数组，写入输入文件，在进行不同的内力分析时调用不同的输入文件。

表 5-1　系统结点连接形式

结点位置	结点连接形式
角结点	
边结点	
中间结点	

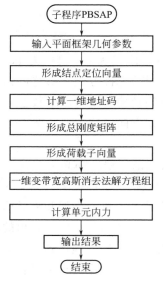

图 5-8　子程序 PBSAP 框图

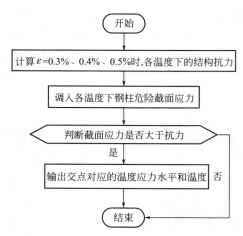

图 5-9　钢柱临界温度判定程序

（5）目标柱稳定性判定子程序

该子程序用来判定上述计算所得的目标柱总应力是否超过其抗力。用数学的方法判定目标柱总应力-温度曲线和结构抗力-临界温度曲线是否相交。具体框图如图 5-9 所示。

三、系统调试

所开发系统采用人-机对话方式，边输入边计算。总程序由温度计算模块，结构定义模块，结构计算模块组成。其中结构计算模块由初应力计算模块，轴向约束温度应力计算模块，截面温差温度应力计算模块，水平推力温度应力计算模块，总应力计算模块以及截面安全性判定模块组成。

系统完成后，对各种工况下的工程进行运行，修补漏洞。软件应用说明已植入软件帮助菜单，系统源程序约 10000 行。

系统可靠性一般需要实际试验验证，但这种基于整体钢框架的试验验证成本太高难以实施。根据以下三个方面可以推断所研发的钢框架柱耐火稳定性评估系统是可靠的：

① 研究表明，温度应力主要来源于轴向约束和相邻梁水平推力作用，而这两种温度应力的计算均采用由大量足尺寸试验所总结的温度应力公式，该计算公式与平面框架试验结果吻合良好；

② 结构抗力的计算直接源于对国产 Q345（16Mn）钢的恒温加载试验结果；

③ 利用双向对称框架将平面框架的计算结果推广到空间框架，计算方法符合结构力学基本定律。

第三节　系统基本操作

一、系统的安装与卸载

1. 系统安装对计算机的最低配置要求

CPU　　　Celeron 400MHz 或 Pentium 133MHz 以上；

内存　　　最低要求 256MB；

硬盘　　　系统驱动器上需要 100MB 以上的可用空间；

显示　　　Super VGA（1024x768）或更高分辨率的显示器；

鼠标　　　Microsoft 鼠标或兼容的指点设备。

2. 系统的安装

首先将光盘放入光驱，或者运行光盘的 SPCFsetup.exe Setup Application，系统将自动弹出安装界面，如图 5-10 所示。

图 5-10　系统安装界面 1

单击"下一步"系统弹出，如图 5-11 所示。

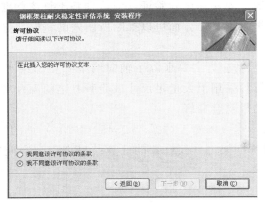

图 5-11　系统安装界面 2

选择"我同意该许可的条款"后，单击"下一步"弹出窗口，如图 5-12 所示。

图 5-12　系统安装界面 3

单击"下一步"弹出窗口，如图 5-13 所示。

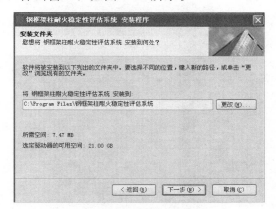

图 5-13　系统安装界面 4

选择要安装的路径，单击"下一步"，弹出窗口，如图 5-14 所示。

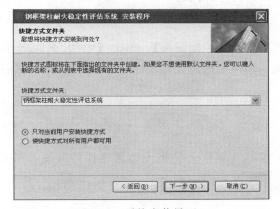

图 5-14　系统安装界面 5

单击"下一步"弹出窗口，如图 5-15 所示。

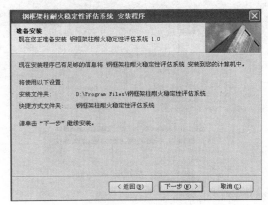

图 5-15　系统安装界面 6

单击"下一步"弹出窗口，如图 5-16 所示。

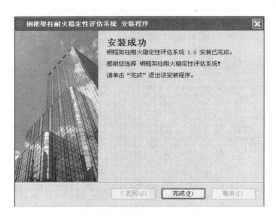

图 5-16　系统安装界面 7

单击"完成"后系统安装完毕。

3. 系统的卸载

打开【我的电脑】→【控制面板】，单击【添加/删除程序】，在【当前安装的程序】栏中找到［钢框架柱耐火稳定性评估系统］，选中然后按［删除］按钮，可直接卸载。

二、进入系统

单击"开始 \ 程序 \ 钢框架柱耐火稳定性评估系统 \ SFCF（V1.0）"，或双击桌面快捷方式 进入系统，界面如图 5-17 所示。

图 5-17　系统进入界面

单击"退出系统"可退出系统。

单击"进入系统"可进入系统选择界面，如图 5-18 所示。

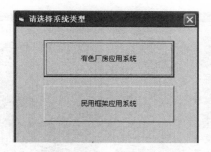

图 5-18　系统选择界面

　　点击所需要的"有色厂房应用系统"或"民用框架应用系统"选择按钮，可分别进入相应系统进行计算。

三、数据输入与计算

　　系统有两种计算类型可供选择，分别是"有色厂房应用系统"和"民用框架应用系统"。两者在构件温度计算时的数据输入与计算有所差别，以下将分别予以介绍；框架定义与内力计算时的数据输入与计算相同，最后介绍。

1. 有色厂房应用系统构件温度计算数据输入

　　启动系统，进入图 5-17 所示界面后，单击"有色厂房应用系统"选择按钮后出现"输入方式"对话框，如图 5-19 所示。

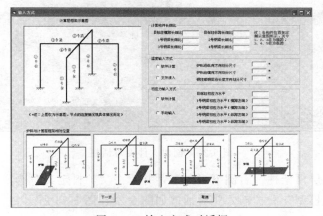

图 5-19　输入方式对话框

　　按照"输入方式"对话框中左上图梁柱标号所示，分别选择温度输入方式和初应力输入方式，并输入构件长细比，选择炉料与钢框架的相对位置。若温度输入方式为文件读入，请将梁柱温度文件按照第四节中系统数据结果说明中所述更名，并存储入下一步所建立的文件夹中，同时在"输入方式"对话框"温度输入方式"框体内输入计算尺寸。单击"下一步"进入系统主界面"钢框架柱耐火稳定性评估系统"，如图 5-20 所示。

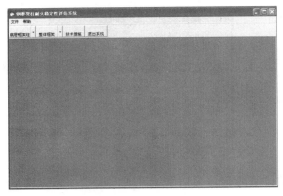

图 5-20　系统主界面

点击"文件","新建文件夹"按钮,弹出"创建文件夹"对话框,如图 5-21 所示,输入名称并点击"创建",即在系统安装文件夹中生成数据存储文件夹。

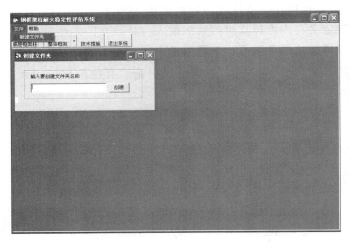

图 5-21　创建文件夹对话框

单击"底层框架柱"右侧下三角形,并单击"炉料定义"选项,弹出"底层框架温度计算模型"和"输入"对话框如图 5-22、图 5-23 所示。

在"底层框架温度计算模型"对话框中的"炉料定义"选项卡中输入所有参数,点击"确定"完成炉料的定义。在点击"确定"前,核实所输入数据,若有错误,可直接修改,亦可点击"取消"清除所有输入内容,重新输入。以下所述对话框中在点击"确定"之前,均可直接修改输入内容或"取消"后重新输入。

在"底层框架温度计算模型"对话框中单击"构件定义"选项卡,进行钢柱和钢梁的定义,如图 5-24 所示。

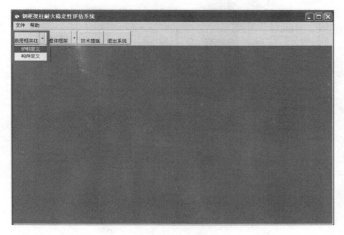

图 5-22　炉料定义选项

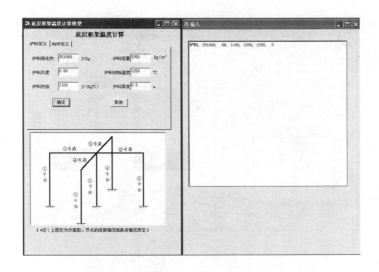

图 5-23　底层框架温度计算模型和输入对话框

在"单元格划分"框体中输入划分尺寸并点击"确定"按钮。点击"钢柱"框体下拉列表框，选择 1 号柱，点击"定义"进入"构件温度计算"对话框。在"构件温度计算"对话框上部，根据钢柱与炉料的相对位置，选择相应选项卡，如图 5-25 所示。

输入选项卡中所有参数，其中"钢柱与炉料位置示意"的划分是以钢柱边缘与炉料左侧（或上侧）边缘的相对位置进行区分的，与炉料横向长度与竖向长度无关（以下相同）。输入完毕后，先点击"应用"将 1 号柱所有输入参数存储入"输入"对话框，然后点击"计算"按钮，计算 1 号柱温度。在点击"应用"前，可直接更改输入数据，也可点击"取消"清除所有输入内容，重新进行输入。计

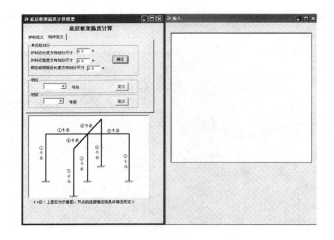

图 5-24 构件定义选项卡

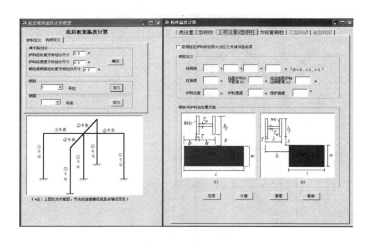

图 5-25 钢柱温度计算对话框

算完成后，在"底层框架温度计算模型"对话框，"构件定义"选项卡中点击"钢柱"框体下拉列表框，选择 2 号柱，重复上述操作，进行 2 号柱温度的计算。以此方法，依次计算 3、4、5 号柱温度。

5 根钢柱温度计算结束后，在"底层框架温度计算模型"对话框，"构件定义"选项卡中点击"钢梁"框体下拉列表框，选择 1 号梁，根据钢梁与炉料的相对位置，在"构件温度计算"对话框上部选择相应选项卡，输入选项卡中所有参数，先点击"应用"将 1 号梁所有参数存储入"输入"对话框，然后点击"计算"按钮，计算 1 号梁温度。在点击"应用"前，可直接更改输入数据，也可点击"取消"清除所有输入内容，重新进行输入。重复上述操作，依次计算 2、3、4 号梁的温度，如图 5-26 所示。

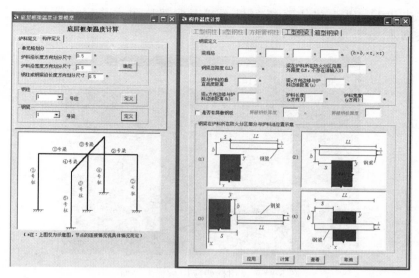

图 5-26　钢梁温度计算对话框

　　计算完成后，可关闭"底层框架温度计算模型"对话框，查看"输入"对话框内容，检查确认输入数据是否正确。如果正确无误，关闭"底层框架温度计算模型"对话框与"输入"对话框。如果输入有误，需重新进入系统计算。至此完成"有色厂房应用系统"下的构件温度计算数据输入与计算。

2. 民用框架应用系统构件温度计算数据输入

　　启动系统，进入如图 5-17 所示界面后，单击"民用框架应用系统"选择按钮后，出现"输入方式"对话框，如图 5-27 所示。

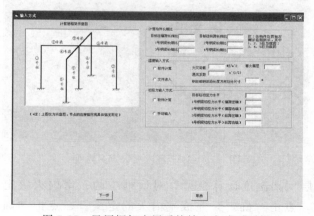

图 5-27　民用框架应用系统输入方式对话框

　　按照"输入方式"对话框中左上图梁柱标号所示，分别选择温度输入方式和初应力输入方式，并输入构件长细比。若温度输入方式为文件读入，请将梁柱温度文件按照第四节中系统数据结果说明中所述更名，并存储入系统所建立文件夹中。单击"下一步"进入系统主界面"钢框架柱耐火稳定性评估系统",如图 5-28所示。

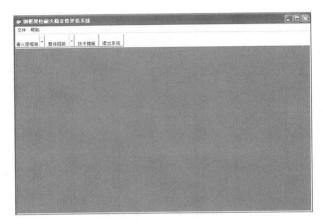

图 5-28 民用框架应用系统主界面

如上所述点击"文件","新建文件夹"按钮,弹出"创建文件夹"对话框,输入名称并点击"创建",即在系统安装文件夹中生成数据存储文件夹。

单击"着火层框架"右侧下三角形,并单击"室内火灾定义"选项,弹出"着火层框架温度计算模型"和"输入"对话框,如图 5-29 所示。

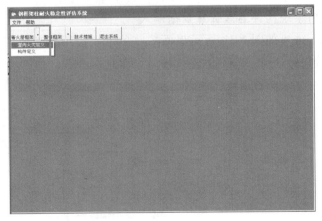

图 5-29(1) 室内火灾定义选项

在"着火层框架温度计算模型"对话框中的"室内火灾定义"选项卡中输入所有参数,点击"确定"完成室内火的定义。在点击"确定"前,核实所输入数据,若有错误,可直接修改,亦可点击"取消"清除所有输入内容,重新输入。

在"着火层框架温度计算模型"对话框中单击"构件定义"选项卡,进行钢柱和钢梁的定义,如图 5-30 所示。

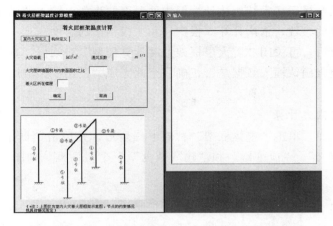

图 5-29（2）　着火层框架温度计算模型和输入对话框

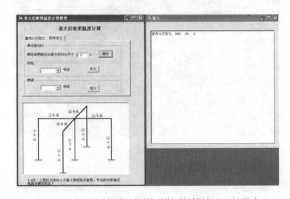

图 5-30　民用框架应用系统构件定义选项卡

　　在"单元格划分"框体中输入划分尺寸，点击确定。在"钢柱"框体中点击下拉列表框，选择 1 号柱，点击"定义"进入"构件温度计算"对话框。在"构件温度计算"对话框中，根据构件类型，选择相应选项卡，如图 5-31 所示。

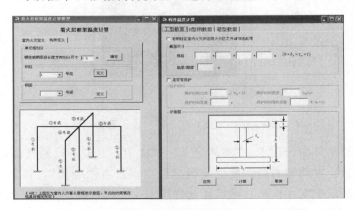

图 5-31　民用框架应用系统构件温度计算对话框

按照有色金属厂房系统所述计算钢构件温度的步骤，输入"民用框架应用系统"中各构件的参数，依次计算 5 根钢柱和 4 根钢梁的温度。

计算完成后，可关闭"着火层框架温度计算模型"对话框，查看"输入"对话框内容，检查确认输入数据是否正确。至此完成"民用框架应用系统"下的构件温度计算数据输入与计算。

3. 框架定义与内力计算

回到主界面，单击"整体框架"右侧下三角形，并单击"框架定义"选项，弹出"结构定义"、"预览器"和"输入数据"三个对话框，如图 5-32、图 5-33 所示。

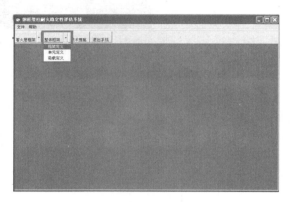

图 5-32　框架定义选项

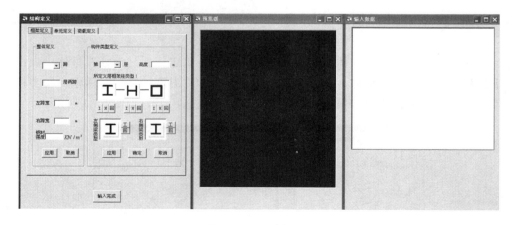

图 5-33　结构定义、预览器和输入数据对话框

在"框架定义"选项卡，"整体定义"框体中，点击下拉列表框，选择"纵"跨，输入层数、左跨和右跨跨度以及钢材强度，点击"应用"，将数据导入"输入数据"对话框中文本框里。然后在此选项卡中"构件类型定义"框体里，点击列表框选择"第 1 层"，并输入层高；在"所定义层框架柱类型"选择框里分别

选择左柱、中柱、右柱的类型；选择左侧梁和右侧梁的类型，完毕后点击"应用"。重复上述操作，依次对所有层数进行定义，并点击"应用"。待最高层定义结束后点击"确定"进入"框架定义"对话框的"单元定义"选项卡，如图 5-34所示。

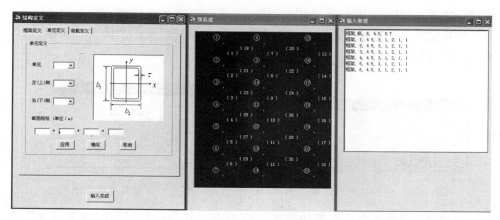

图 5-34　单元定义选项卡

在"单元定义"选项卡中点击单元下拉列表框，选择 1 号单元，并选择其左（上）侧、右（下）侧连接情况，输入单元截面规格，点击"应用"将数据导入"输入数据"对话框中文本框里。重复上述操作，对所有单元依次进行数据的输入（注意根据选项卡右侧示意图的改变填写相应数据），并点击"应用"。待最后一个单元定义结束后点击"确定"进入"框架定义"对话框的"荷载定义"选项卡，如图 5-35 所示。

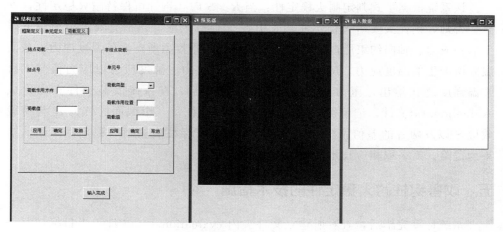

图 5-35　荷载定义选项卡

在"荷载定义"选项卡的"结点荷载"框体中，依次输入结点荷载的结点号、荷载作用方向和荷载值，点击"应用"进行存储，如此进行所有结点荷载的输入并存储后，点击"确定"。如上所述，在"非结点荷载"框体中，依次对所有非结点荷载进行输入并存储，最后点击"确定"，完成荷载的输入与存储。

至此，"纵/横"跨计算所有数据输入完毕。点击"输入完成"，弹出"开始计算"对话框，选择破坏应变后，点击"开始计算"按钮，系统开始对钢框架系统进行计算，如图 5-36 所示。

计算完成后，系统自动弹出"计算完成"对话框，点击"确定"完成"纵/横"跨的计算，如图 5-37 所示。

图 5-36　开始计算对话框　　　　　图 5-37　计算完成提示框

返回到主界面，单击"整体框架"右侧下三角形，并单击"框架定义"选项，弹出"框架定义"、"预览器"和"输入数据"对话框。在"框架定义"对话框，"框架定义"选项卡中，选择"横/纵"跨，重复上述操作，完成"横/纵"跨的计算。

完成所有计算后，退出程序。

四、耐火稳定性判据

该系统依据下式判定耐火稳定性：当 $R \geqslant S$ 时，钢柱可保持耐火稳定性，安全；否则，钢柱失去耐火稳定性。式中 S 为荷载效应，包括有效重力荷载下产生的初应力、轴向约束所产生的温度应力、梁水平推力所产生的温度应力、截面温差所产生的温度应力。R 为钢柱相应截面的抗力。温度应力以应力值与钢材常温强度之比给出，压力为正。系统计算完毕后，在系统安装文件夹内生成 evaluation.txt 文件，记录每一个时间步长，目标柱每一个截面的抗力 R 与荷载效应 S 以及两者的差值，当差值出现负值时，目标柱失去耐火稳定性。评估结果为危险，需采取相应技术措施予以保证安全。

五、改善钢柱耐火稳定性的技术措施

系统计算完毕后，查看所建立文件夹内 evaluation.txt 文件，当目标柱每一个截面的抗力 R 与荷载效应 S 的差值出现负值时，评估结果为危险，可点击系统主截面"技术措施"按钮，查看相应措施，如图 5-38 所示。

当采取某些计算措施后，重新计算，直至目标柱计算结果安全，如图 5-39 所示。

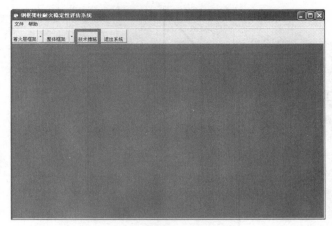

图 5-38　技术措施按钮

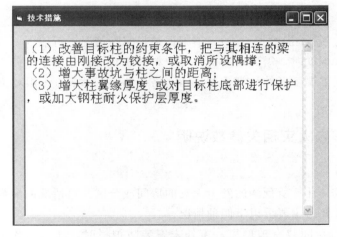

图 5-39　系统提供的技术措施

第四节　系统参数说明

一、计算程序数据输入说明

数据输入、存储与计算时，严格按照第三节系统操作顺序进行。并注意按照系统中参数的单位进行输入。系统中的"目标柱"即为评估对象，如图 5-40 所示 3 号柱。

二、炉料相关参数说明

进入系统之后，如果选择"有色金属厂房应用系统"，需输入炉料的相关参数：熔化热（J/kg）、灰度、热熔 [J/（kg℃）]、容重（kg/m³）、初始温度（℃）

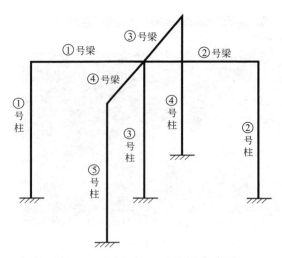

图 5-40   系统评估目标柱

以及长（m）、宽（m）、厚（m）。请根据炉料实际情况进行输入。

计算构件温度时，需要确定构件与炉料的相对位置。程序中分别给出了不同形式钢柱、钢梁温度场的计算模型，请严格按照第三章表 3-4 相对位置进行参数点击选择。

三、一般室内火灾相关参数说明

1. 通风系数

通风系数是计算所预测的发生火灾的房间或分区开口情况的参数，对室内温度计算非常重要。主要分以下四种情况。

① 当下部房间装有玻璃窗，窗外未安装防护栏时，通风系数按式（5-2）计算后输入：

$$F = 0.53 \frac{\sum A_w \sqrt{H}}{A_T} \tag{5-2}$$

式中 A_w——开窗窗洞尺寸计算的面积，m²；

   H——窗洞口高度，m；

   A_T——房间总内表面面积（6 壁），包括窗口面积，m²。

② 当下部房间装有玻璃窗，窗外安装防护栏时，通风系数按式（5-3）计算后输入：

$$F = \min\left[0.53 \frac{\sum A_w \sqrt{H}}{A_T}, \frac{A_V \sqrt{h_1}}{A_T} \right] \tag{5-3}$$

式中 h_1——金属防盗网关闭状态时烟气可流过的空洞面积的总高度，m；

   A_V——金属防盗网关闭状态时修正空洞面积，m²，按式（5-4）计算：

$$A_V = \frac{1}{\sqrt{1 + \left(\dfrac{A_w}{A_1} + 0.707\,\dfrac{A_w}{A_1}\sqrt{1 - \dfrac{A_1}{A_w}}\right)^2}} A_w \tag{5-4}$$

式中　A_1——金属防盗网关闭状态时烟气可流过的空洞面积，m^2。

③ 当下部房间装有卷帘门，可确定火灾时开启尺寸，通风系数按式（5-5）计算后输入：

$$F = \frac{\sum A_j\sqrt{H_1}}{A_T} \tag{5-5}$$

式中　A_j——卷帘门开启部分的面积，m^2；

　　　H_1——卷帘门开启部分高度，m。

④ 当下部房间装有卷帘门，无法确定火灾时开启尺寸（如夜间），通风系数按式（5-6）输入：

$$F = 0.002\,m^{1/2} \tag{5-6}$$

2. 火灾荷载

火灾荷载是确定计算结果最重要的参数之一，尽量以实际情况准确估计。分两种情况：

① 通过实际调查后确定火灾荷载。火灾荷载按式（5-7）计算：

$$q_T = 1.2\,\frac{\sum h_i G_i}{A_T} \tag{5-7}$$

式中　h_i——第 i 种可燃物的单位发热量，MJ/m^2，按表 5-2 取值；

　　　G_i——第 i 种可燃物的质量，kg。

表 5-2　可燃材料单位发热量

名称	$h/(MJ/kg)$	名称	$h/(MJ/kg)$	名称	$h/(MJ/kg)$
无烟煤	34	油毡	20	赛璐珞	19
石油沥青	41	泡沫橡胶	37	环氧树脂	34
纸及制品	17	异戊二烯橡胶	45	三聚氰胺树脂	18
炭	35	石蜡	47	苯酚甲醛	29
衣服	19	橡胶轮胎	32	聚酯	31
煤、焦炭	31	丝绸	19	聚酯纤维	21
软木	29	稻草	16	聚乙烯	44
棉花	18	木材	19	甲醛泡沫塑料	14
谷物	17	羊毛	23	聚苯乙烯	40
油脂	41	合成板	18	石油	41
厨房废料	18	ABS	36	泡沫塑料	25
皮革	19	聚丙烯	28	聚碳酸酯	29

名称	h/(MJ/kg)	名称	h/(MJ/kg)	名称	h/(MJ/kg)
聚丙烯	43	汽油	44	焦油	38
聚氨酯	23	柴油	41	苯	40
聚氯乙烯	17	亚麻籽油	39	甲醇	33
甲醛树脂	15	煤油	41	乙醇	27

应当注意，此处火灾荷载密度 q_T 是按房间六壁折算，而不是按地板面积折算。

② 参考表 5-3 估计火灾荷载。如果不便快速估计可燃物，参考表 5-3 按地板给出的火灾荷载。

表 5-3 按地板面积确定的火灾荷载密度

建筑用途	火灾荷载密度 q_0/(MJ/m²)	建筑用途	火灾荷载密度 q_0/(MJ/m²)
住宅、公寓	1100	设计室	2200
一般办公室	750	教室	550
医院病房	550	图书室(设书架)	4600
旅馆住室	750	商场	1300
会议室、讲堂、观众席	650		

注：1. 各类仓库（包括商场等建筑物的中转库、书库）的火灾荷载密度应按实际用途进行估计。

2. 表中只包括使用可燃物，不包括装修可燃物和可燃建筑构件。如存在装修可燃物和可燃建筑构件应按实际质量及发热量增加火灾荷载。

当火灾荷载密度按地板单位面积 q_0 给出时，按房间所有内表面折算的火灾荷载 q_T 可按式(5-8)换算：

$$q_T = 1.2 A_f q_0 / A_T \tag{5-8}$$

式中 A_f——地板面积，m²。

四、构件保护相关参数定义

钢柱保护高度：钢柱下部进行包覆保护时的保护高度（从地面起算）（m）。

钢柱是否在炉料所在防火分区之外：如果炉料不能对计算构件产生辐射热，请勾选此项。

钢柱是否在室内火灾所在防火分区之外：如果钢柱平面位置在防火分区以外，请勾选此项。

梁在防火分区以外的跨度：计算钢梁不能受到热作用的部分长度（m）。

梁是否有屏蔽钢板：有色金属厂房内，钢梁温度过高时，需要保护，通常采用镀锌、镀锡薄钢板进行屏蔽。如果有此屏蔽钢板请勾选此项。

是否有保护：指在一般室内火灾中，构件是否有防火涂料进行保护，如果有，请勾选此项。

五、框架相关参数定义

1. 构件类型定义

　　系统计算需要确定框架构件类型，程序中通过选择的方式提供给用户，方便用户使用。具体如图 5-41 所示。

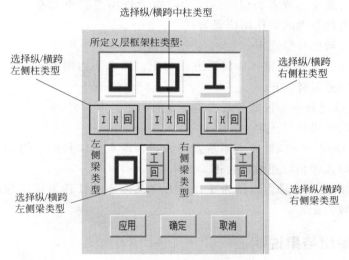

图 5-41　构件类型

2. 单元定义

　　完成"框架定义"对话框中"层高定义"框体内所有层数的数据输入以及构件类型选择之后，点击"确定"，系统弹出"单元定义"选项卡的同时，在"预览器"对话框中给出了各个单元的编号以及结点的编号，如图 5-42 所示。

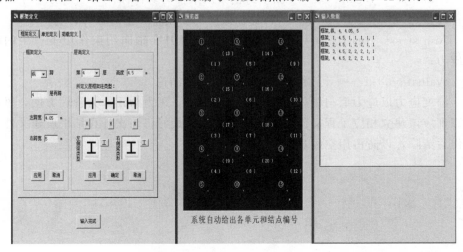

图 5-42　单元、结点编号

单元定义时，请严格按照"预览器"中所提供编号进行参数的输入。

结点的连接形式，在"单元定义"选项卡中，通过单元的"左（上）侧"列表框和"右（下）侧"列表框进行选择确定。系统给出的连接形式如表 5-1 所示。

3. 荷载定义

（1）非结点荷载作用位置

当荷载为集中力或者力偶时，作用位置为作用点到单元左（下）结点的距离；当荷载为均布力时，作用位置为 0。

（2）输入数据符号规定

① 结点荷载——以整体坐标系方向为正，即水平力向右为正，竖向力向上为正，弯矩以逆时针为正。

② 非结点荷载——根据荷载类型图方向为正。

（3）输出结果符号规定

① 结点位移——以整体坐标系方向为正，即水平位移向右为正，竖向位移向上为正，结点转角以逆时针为正。

② 单元内力——轴力以拉为正；剪力绕截面顺时针转为正；弯矩以绕杆件截面顺时针转为正。

六、系统输出结果说明

系统所创建的文件夹内即为计算结果，存储在系统安装文件夹内。其中计算结果各文件如下：

Temp_columns.txt——5 根柱子的平均温度（时间步长为 1min，以下相同）；

Temp_beams.txt——4 根钢梁的平均温度；

Aim stress_beam.txt——纵横跨钢梁水平推力对目标柱所产生的应力；

Aim stress_section.txt——目标柱截面温度差所产生的应力；

Aim stress_restriaint.txt——目标柱由于温升在轴向约束作用下产生的温度应力；

evaluation.txt——计算结果，即可靠性判定结论。

温度应力以应力值与钢材常温强度之比给出，压力为正。为管理方便，每次计算都应该建立相应工程文件夹。计算完成后，最好将该次计算结果所建文件夹备份后清除，以防占用空间过大。

第六章
钢柱耐火稳定性评估案例分析

本章中给出利用该系统对有色炉料热作用下六层框架柱的耐火稳定性和一般室内火灾框架柱耐火稳定性的案例分析过程，并通过系统计算，对比分析不同参数情况下构件的温度计算结果和框架柱的温度应力计算结果。

第一节 有色炉料热作用下六层框架柱的耐火稳定性计算

一、工程概况

某市铜冶炼改造工程，事故坑附近结构布置如图 6-1 所示。该冶炼工程为钢结构厂房，上部六层，层高 4.5m。有关参数如表 6-1 所示。

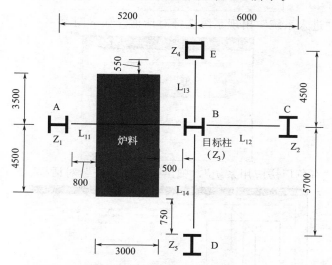

图 6-1 冶炼厂房底层框架示意图（单位：mm）

Z_1，Z_2，Z_3，Z_4，Z_5 为钢柱，其中 Z_3 为目标柱。L_{11}，L_{12}，L_{13}，L_{14} 为钢梁。各构件规格如表 6-1 所示，上层构件规格同底层相应位置的构件规格一致。所有梁柱结点为刚接，目标柱初应力水平为 0.3，$\lambda_y=30$，$\lambda_y=106$，钢梁的初应力水平为 0.001，$\lambda=32.5$。

表 6-1 底层钢构件规格一览表

钢 柱		钢 梁	
编号	型号/mm	编号	型号/mm
Z_1	$600 \times 300 \times 20 \times 20$	L_{11}	$500 \times 200 \times 12 \times 20$
Z_2	$600 \times 300 \times 20 \times 20$	L_{12}	$500 \times 200 \times 12 \times 20$
Z_3	$600 \times 300 \times 20 \times 20$	L_{13}	$500 \times 200 \times 12 \times 20$
Z_4	$500 \times 500 \times 20$	L_{14}	$500 \times 200 \times 12 \times 20$
Z_5	$600 \times 300 \times 20 \times 20$		

二、系统分析过程

① 用鼠标左键双击 SFCF 快捷图标，进入软件系统，出现如下图界面。

② 单击"进入系统"出现系统选择对话框，如下图。

③ 单击"有色厂房应用系统"，弹出"输入方式"对话框。

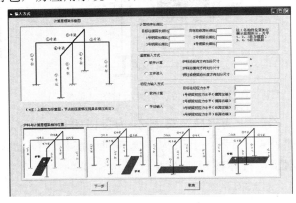

在"输入方式"对话框中输入或选择相应选项。本例中，输入或选择项目如下：

目标柱横跨长细比：30；

目标柱纵跨长细比：106；

1号钢梁长细比： 20；

2号钢梁长细比： 20；

3号钢梁长细比： 20；

4号钢梁长细比： 20；

温度输入方式：选择"软件计算"；

初应力输入方式：选择"手动输入"并输入；

目标柱初应力水平：0.3；

1号钢梁初应力水平：0.001；

2号钢梁初应力水平：0.001；

3号钢梁初应力水平：0.001；

4号钢梁初应力水平：0.001。

炉料与计算层框架相对位置：选择第一种。

输入完毕后，点击"下一步"，出现钢框架柱耐火稳定性评估系统主界面。

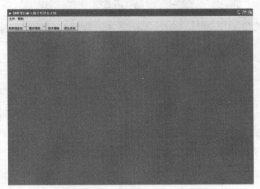

④ 点击"帮助"可出现帮助文件如下图。

点击"文件"、"新建文件夹"出现"创建文件夹"对话框如下图。

在对话框中输入"算例一",点击"创建",弹出"文件夹已成功建立"提示框,点击"确定"系统将会在系统安装文件夹内产生"算例一"文件夹,用于存储算例计算过程中的数据。

⑤ 单击"底层框架柱"右侧下三角形,并单击"炉料定义"选项,弹出"底层框架温度计算模型"和"输入"对话框如下图。

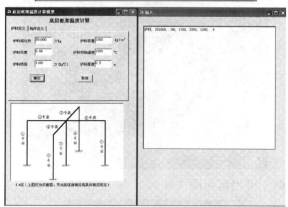

⑥ 在"底层框架温度计算模型"对话框中的"炉料定义"选项卡中输入所有参数。

炉料熔化热:251000;

炉料灰度:0.66;

炉料热熔:1100;

炉料容重:3350;

炉料初始温度:1250;

炉料厚度:0.5。

点击"确定"完成炉料的定义。

⑦ 在"底层框架温度计算模型"对话框中单击"构件定义"选项卡或单击主界面"底层框架柱"右侧下三角形，并单击"构件定义"选项，弹出"构件定义"选项卡，如下图。

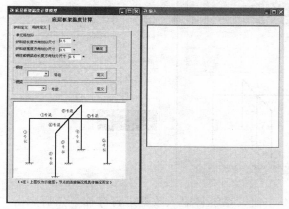

在"单元格划分"框体中尺寸均输入 0.5，然后点击"确定"

⑧ 在"钢柱"框体中，点击下拉列表框，选择 1 号柱，然后点击"定义"，弹出"构件温度计算"对话框。

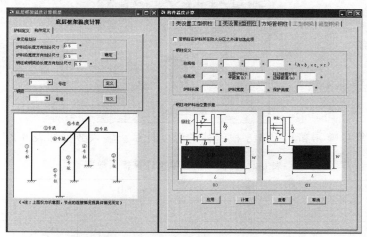

⑨ 在"构件温度计算"对话框上部，选择 1 号柱的类型（工型），并输入或选择所有参数。

规格：$0.6 \times 0.3 \times 0.02 \times 0.02$；

柱高度：4.5；

柱距炉料水平距离（b）：4.275；

柱距炉料竖直距离（s）：0.8；

炉料长度：8；

炉料宽度：3；

保护高度：0；

钢柱与炉料池位置：（1）。

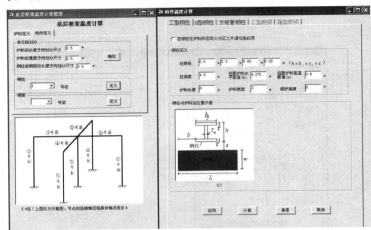

点击"应用"按钮，系统将输入数据进行存储，然后点击"计算"按钮，完成 1 号钢柱的温度计算，并弹出"计算完成"对话框，点击"确定"完成计算，并将计算数据进行存储。

⑩ 重复步骤⑧和⑨完成 5 根钢柱的温度计算。输入数据如表 6-2 所示。

表 6-2　算例一钢柱温度计算输入数据

参数	柱 号				
	1	2	3	4	5
柱规格	0.6×0.3×0.02×0.02	0.6×0.3×0.02×0.02	0.6×0.3×0.02×0.02	0.5×0.5×0.02×0.02	0.6×0.3×0.02×0.02
柱高度	4.5	4.5	4.5	4.5	4.5
柱距炉料水平距离(b)	4.275	3.05	3.275	0.55	8.75
柱距炉料竖直距离(s)	0.8	6.725	0.5	0.5	0.5
炉料长度	8	8	8	8	8
炉料宽度	3	3	3	3	3
保护高度	0	0	0	0	0
钢柱与炉料池位置	（1）	（1）	（1）	（2）	（1）

⑪ 在"底层框架温度计算模型"对话框,"构件定义"选项卡,"钢梁"框体中,点击下拉列表框,选择 1 号梁,然后点击"定义",弹出"构件温度计算"对话框。

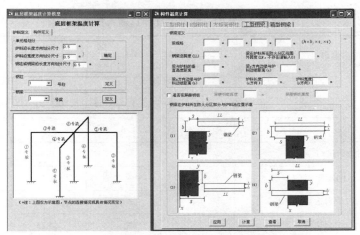

⑫ 在"构件温度计算"对话框上部,选择 1 号梁的类型(工型),并输入或选择所有参数。

规格:$0.5 \times 0.2 \times 0.012 \times 0.02$;

钢梁总跨度:5.2;

梁在炉料所在防火分区范围外跨度(L_w):0;

梁与炉料的垂直刚度距离:4.5;

梁 y 方向边缘与炉料边缘距离(s):0.8;

梁 x 方向边缘与炉料边缘距离(b):3.4;

炉料长度:8;

炉料宽度:3;

钢梁与炉料位置:(4)。

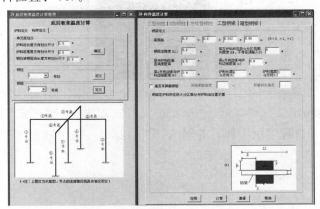

点击"应用"按钮,系统将输入数据进行存储,然后点击"计算"按钮,完

成 1 号钢梁的温度计算，并弹出"计算完成"对话框，点击"确定"完成计算，并将计算数据进行存储。

⑬ 重复步骤⑪和⑫完成 4 根钢梁的温度计算。输入数据如表 6-3 所示。

表 6-3　算例一钢梁温度计算输入数据

参数	梁　号			
	1	2	3	4
梁规格	0.5×0.2×0.012×0.02	0.5×0.2×0.012×0.02	0.5×0.2×0.012×0.02	0.5×0.2×0.012×0.02
梁总跨度	5.2	6	4.5	5.7
防火分区范围外跨度(L_w)	0	0	0	0
梁与炉料的垂直刚度距离	4.5	4.5	4.5	4.5
梁 y 方向边缘与炉料边缘距离(s)	0.8	3.95	0.55	3.5
梁 x 方向边缘与炉料边缘距离(b)	3.4	3.4	0.825	0.825
炉料长度	8	8	3	3
炉料宽度	3	3	8	8
钢梁与炉料位置	(4)	(3)	(2)	(1)

至此，完成所有构件的温度计算，可关闭所有对话框，返回至主界面。

⑭ 在主界面中，单击"整体框架"右侧下三角形，并单击"框架定义"选项，弹出"结构定义"、"预览器"和"输入数据"三个对话框。

⑮ 在"结构定义"对话框，"框架定义"选项卡，"整体定义"框体中，点击下拉列表框，选择"纵"跨，并输入如下数据。

层数：6；

左跨宽：4.5；

右跨宽：5.7；

钢材强度：235000。

点击"应用"完成数据存储。

⑯ 在"框架定义"选项卡，"构件类型定义"框体中，点击下拉列表框，选择第"1"层，输入高度：4.5m，在"框架柱类型"定义框体中分别选择左边柱为"回"形，中柱为"工"形，右边柱为"H"形；选择左侧梁为"工"形，右侧梁为"工"形，如图所示。

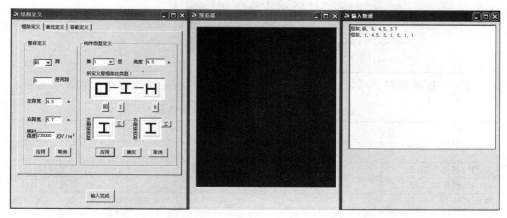

输入完成后，点击"应用"命令按钮，存储输入信息。

⑰ 重复步骤⑯，依次对框架的 6 层进行同样的设置。设置完毕后，点击"确定"按钮，完成"框架定义"选项卡的设置，此时"预览器"对话框显示计算框架所有单元及节点位置及编号，"输入数据"对话框显示输入信息，同时，系统自动弹出"单元定义选项卡"

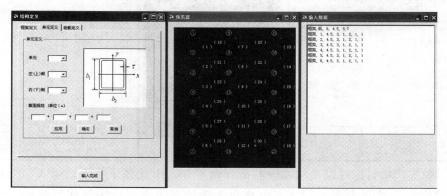

⑱ 在"单元定义"选项卡中，点击"单元"下拉列表框，选择"1"号单元，此时选项卡右侧图形显示步骤⑯和⑰中输入的截面类型；点击"左上侧"下拉列表框，选择"刚接"；点击"右下侧"下拉列表框，选择"刚接"；输入截面规格：0.5×0.5×0.02。最后，点击"应用"完成 1 号单元的定义，同时"预览器"对话框显示 1 号单元，"输入数据"对话框显示单元 1 信息。

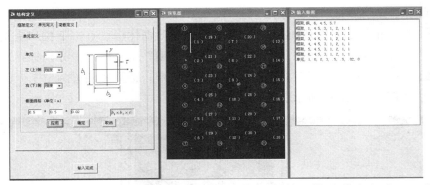

⑲ 重复步骤⑱，依次对所有单元进行定义。各单元输入信息如表 6-4 所示。

表 6-4 算例一纵跨单元定义输入信息

参 数	单元号		
	1-6	7-18	19-30
左(上)侧连接类型	刚接	刚接	刚接
右(下)侧连接类型	刚接	刚接	刚接
截面规格	0.5×0.5×0.02	0.6×0.3×0.02×0.02	0.5×0.2×0.012×0.02

对所有单元定义完成后，点击"确定"按钮，存储输入数据，并弹出"荷载定义"选项卡，同时"预览器"对话框显示所有单元，"输入数据"对话框显示所有单元信息。

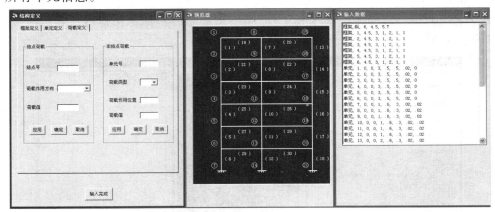

⑳ 案例中目标柱以及相邻梁的荷载在步骤③中选择了"手动输入"，因此，"荷载定义"选项卡无需输入，直接点击选项卡下方"输入完成"按钮。弹出"开始计算"对话框。

㉑ 选择破坏应变后，点击"开始计算"命令按钮，系统开始对案例框架的纵跨进行计算。完成后，弹出"计算完成"对话框，点击"确定"，系统自动回到主界面。

㉒ 重复步骤⑭和⑮，在"结构定义"对话框，"框架定义"选项卡，"整体定义"框体中，点击下拉列表框，选择"横"跨，并输入如下数据。

层数：6；

左跨宽：5.2；

右跨宽：6；

钢材强度：235000。

点击"应用"完成数据存储。

㉓ 重复步骤⑯和⑰，其中输入高度均为 4.5m，各层左边柱均为"H"形，中柱均为"H"形，右边柱均为"工"形；左侧梁均为"工"形，右侧梁均为"工"形。

㉔ 重复步骤⑱和⑲，输入数据如表 6-5 所示。

表 6-5　算例一横跨单元定义输入信息

参　　数	单元号	
	1-18	19-30
左(上)侧连接类型	刚接	刚接
右(下)侧连接类型	刚接	刚接
截面规格	0.6×0.3×0.02×0.02	0.5×0.2×0.012×0.02

㉕ 重复步骤⑳和㉑完成框架的横跨计算。

㉖ 在主界面中，点击"技术措施"可查看提高框架柱耐火性能的技术措施，点击"退出系统"可退出操作系统。

至此，完成算例的计算过程。在系统安装文件夹内所建立的"算例一"文件夹内生成了计算输入文件和系统计算结果文件。根据结果文件，已对框架目标钢柱产生耐火稳定性评估结论。

三、计算结果分析

1. 温度场分析

图 6-2 为由系统分析计算所得底层框架各构件平均温度-时间曲线。由图 (a) 可以看出钢柱在前 20min 升温较快，在 20～50min 由于与炉料的温差减小

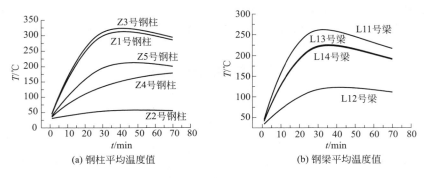

(a) 钢柱平均温度值　　　　　　(b) 钢梁平均温度值

图 6-2　底层框架构件温度场

升温较慢。在 50min 后温度缓慢降低。由图 (b) 可以看出钢梁在 30～40min 间温度达到最大，而后降低。因此只对 70min 内钢柱耐火稳定性进行分析。由于所选目标柱与炉料的相对位置最近，在与 Z_1，Z_2，Z_5 号柱规格相同的情况下，温度较高。有色金属厂房底层框架为局部受热，炉料周围构件温度相对较高。各构件由于所处位置、规格和类型不同，温度各不相同。构件间存在温差以及构件自身的温升都会影响钢柱内力的分布。

2. 温度应力分析

系统在计算轴向作用下的温度应力时，将整体框架拆分成四个轴向对称框架。设 A-B 跨生成的对称框架为 K_1 号框架，B-C 跨生成的对称框架为 K_2 号框架，B-D 跨生成的对称框架为 K_3 号框架，B-E 跨生成的对称框架为 K_4 号框架。

通过第四章温度应力的计算模型得知，轴向约束下温度应力水平跟钢柱的长细比、初应力水平、平均温差和约束刚度有关。对于给定的框架，钢柱的长细比和初应力水平为已知，平均温差和约束刚度的大小是影响钢柱温度应力的主要因素。

图 6-3 为 K_2 号框架各时间段约束刚度值。当温度大于 50℃时，随着温度的升高，钢构件的弹性模量减小，各对称框架约束刚度也变小。约束刚度值总体降低幅度不大。弹性模量在各温度段随温度减小幅度不一样，约束刚度降低趋势也不一样。

图 6-4 为 4 个对称框架对整体框架中钢柱温度应力水平的贡献。有色金属厂房中，炉料位置的不同，使得各构件温升不同，目标柱与周围温差也不同。同时 4 个轴向对称框架对目标柱所产生的轴向约束刚度从大到小依次为：K_4，K_1，K_3，K_2。综合考虑温差与约束刚度，K_4 号框架的温度应力水平最高。

图 6-5 即为目标柱不同高度截面处随时间的推移，由钢梁水平推力所产生的温度应力。横跨是指图 6-1 中水平方向框架。图 6-5(a) 中温度应力正号表示柱子上侧受压。图 6-5(b) 中温度应力正号表示柱子左侧受压。

图 6-6 为目标柱各板件温度-时间曲线，图 6-7 为目标柱不同高度截面处随

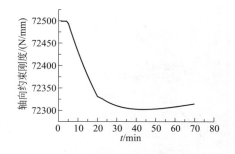

图 6-3　K2 号框架约束刚度值

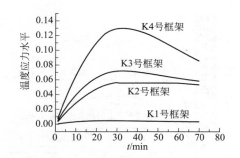

图 6-4　各对称框架对温度应力水平的贡献

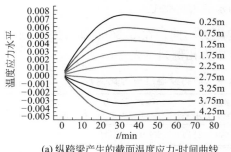

(a) 纵跨梁产生的截面温度应力-时间曲线

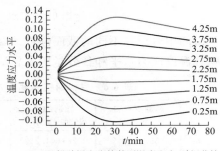

(b) 横跨梁产生的截面温度应力-时间曲线

图 6-5　目标柱截面梁水平推力产生的温度应力-时间曲线

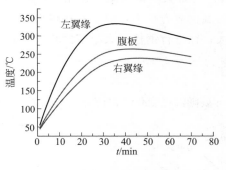

图 6-6　目标柱各板件平均
温度-时间曲线

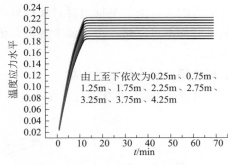

图 6-7　由温差产生的温度
应力-时间曲线

时间的推移，由截面温差所产生的在截面边缘处的温度应力。应力的变化趋势同温差变化趋势一致，开始时温度应力为上升趋势，当温差开始下降时温度应力也随之减小。图 6-7 中温度应力正号表示柱子左侧受压。

最终，目标柱的温度应力是目标柱轴向约束下产生的温度应力、由于梁水平推力和自身截面温度差所产生的温度应力，三者之和。随截面位置不同，各温度应力贡献值不同，如图 6-8 分别为目标柱距地面 0.25m 和 1.25m 高处三项温度应力水平和总温度应力水平随时间的变化曲线。

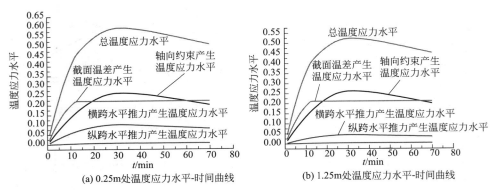

(a) 0.25m处温度应力水平-时间曲线　　　　(b) 1.25m处温度应力水平-时间曲线

图 6-8　温度应力水平-时间曲线

由图中可见，不同的截面位置，温度应力不同。在 0.25m 和 1.25m 处，目标钢柱温度应力水平和各分量所占总温度应力比例列于表 6-6。

表 6-6　目标钢柱温度应力水平（所占总温度应力比例）

位置	总温度应力 水平	轴向约束 温度应力水平	纵跨梁推力 温度应力水平	横跨梁推力 温度应力水平	截面温差 温度应力水平
0.25m	0.593(100%)	0.262(44.2%)	0.007(1.2%)	0.102(17.2)	0.222(37.4%)
1.25m	0.523(100%)	0.262(50.1%)	0.004(0.8%)	0.045(8.6%)	0.212(40.5%)

从表 6-6 可见，轴向约束下产生的温度应力最大，截面温差作用所产生的温度应力次之，梁水平推力对目标柱所产生的温度应力稍小，但三者在耐火稳定性验算时均不可忽略。由于温度应力数值很大，在进行钢柱耐火稳定性验算时必须考虑。

3. 框架钢柱耐火稳定性评估

计算所得六层框架目标柱在距地面 1.25m 处随温度变化的总应力水平如图 6-9 所

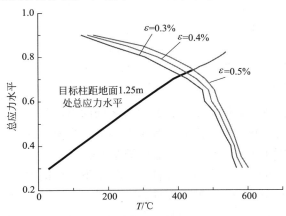

图 6-9　钢柱耐火稳定性判定曲线

示。该点约 15min 时最高温度已达到 438℃，总应力水平为 0.737，已超过材料强度，处于失效状态。

第二节　一般室内火灾框架柱耐火稳定性计算

一、工程概况

为节省篇幅，本节工程案例分析与第一节中同样的钢框架结构，唯一不同的是将热作用改为一般室内轰燃后火灾的热作用，同时各钢构件采用非膨胀性防火涂料进行保护。

其中，火灾荷载为 800kJ/m^2，通风系数为 $0.03m^{1/2}$，火灾层砖墙面积与内表面面积之比为 0.2，着火区所在楼层为 1 层。所使用防火涂料的比热容为 1100J/(kg·K)，密度为 400kg/m^3，保护厚度为 0.025m，热导率为 0.1W/(m·K)。

二、系统分析过程

① 用鼠标左键双击 SFCF 快捷图标，进入软件系统。

② 单击"进入系统"出现系统选择对话框。

③ 单击"民用框架应用系统"，弹出"输入方式"对话框。

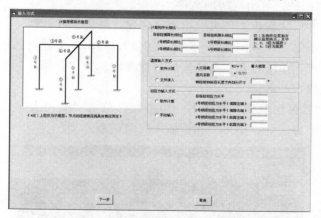

在"输入方式"对话框中输入或选择相应选项。本例中，输入或选择项目如下。

目标柱横跨长细比：30；

目标柱纵跨长细比：106；

1 号钢梁长细比：20；

2 号钢梁长细比：20；

3 号钢梁长细比：20；

4 号钢梁长细比：20；

温度输入方式：选择"软件计算"；

初应力输入方式：选择"手动输入"并输入；

目标柱初应力水平：0.3；

1号钢梁初应力水平：0.001；

2号钢梁初应力水平：0.001；

3号钢梁初应力水平：0.001；

4号钢梁初应力水平：0.001。

输入完毕后，点击"下一步"，出现钢框架柱耐火稳定性评估系统主界面：

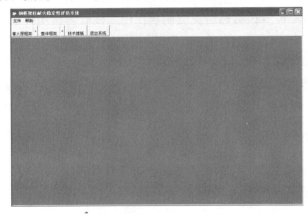

④ 点击"帮助"可出现帮助文件。

点击"文件"、"新建文件夹"出现"创建文件夹"对话框。

在对话框中输入"算例二"，点击"创建"，弹出"文件夹已成功建立"提示框，点击"确定"系统将会在系统安装文件夹内产生"算例二"文件夹，用于存储算例计算过程中的数据。

⑤ 单击"着火层框架"右侧下三角形，并单击"室内火灾定义"选项，弹出"着火层框架温度计算模型"和"输入"对话框。

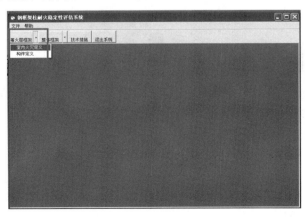

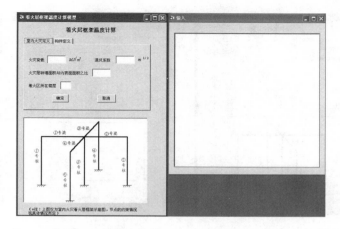

⑥ 在"着火层框架温度计算模型"对话框中的"室内火灾定义"选项卡中输入所有参数。

火灾荷载：800；

通风系数：0.03；

砖墙面积比：0.2；

着火区所在楼层：1。

点击"确定"完成室内火灾的定义。

⑦ 在"着火层框架温度计算模型"对话框中单击"构件定义"选项卡或单击主界面"着火层框架"右侧下三角形，并单击"构件定义"选项，弹出"构件定义"选项卡。

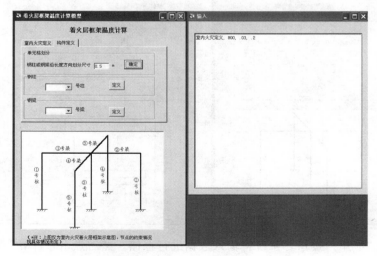

在"单元格划分"框体中输入 0.5，然后点击"确定"。

⑧ 在"钢柱"框体中，点击下拉列表框，选择 1 号柱，然后点击"定义"，弹出"构件温度计算"对话框。

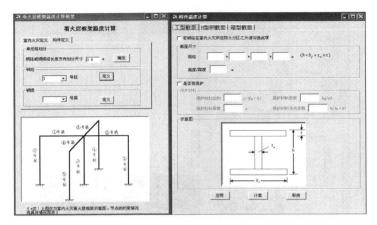

⑨ 在"构件温度计算"对话框上部，选择 1 号柱的类型（工形），并输入或选择所有参数。

规格：$0.6 \times 0.3 \times 0.02 \times 0.02$；

高度/跨度：4.5；

是否有保护：是；

保护材料比热容：1100；

保护材料密度：400；

保护材料厚度：0.025；

保护材料热导率：0.1。

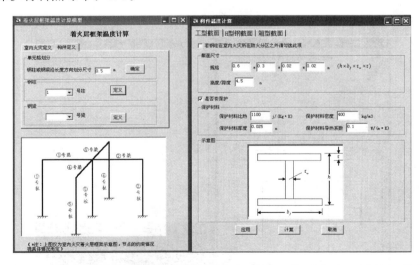

点击"应用"按钮，系统将输入数据进行存储，然后点击"计算"按钮，完成 1 号钢柱的温度计算，并弹出"计算完成"对话框，点击"确定"完成计算，并将计算数据进行存储。

⑩ 重复步骤⑧和⑨完成 5 根钢柱的温度计算。输入数据如表 6-7 所示。

表 6-7　算例二钢柱温度计算输入数据

参数	柱号				
	1	2	3	4	5
规格	0.6×0.3×0.02×0.02	0.6×0.3×0.02×0.02	0.6×0.3×0.02×0.02	0.5×0.5×0.02×0.02	0.6×0.3×0.02×0.02
高度/跨度	4.5	4.5	4.5	4.5	4.5
是否有保护	是	是	是	是	是
保护材料比热容	1100	1100	1100	1100	1100
保护材料密度	400	400	400	400	400
保护材料厚度	0.025	0.025	0.025	0.025	0.025
保护材料热导率	0.1	0.1	0.1	0.1	0.1

⑪ 在"着火层框架温度计算模型"对话框，"构件定义"选项卡，"钢梁"框体中，点击下拉列表框，选择 1 号梁，然后点击"定义"，弹出"构件温度计算"对话框。

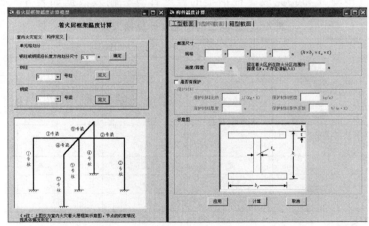

⑫ 在"构件温度计算"对话框上部，选择 1 号梁的类型（工型），并输入或选择所有参数。

规格：0.5×0.2×0.012×0.02；

高度/跨度：5.2；

梁在着火区所在防火分区范围外跨度：0；

是否有保护：是；

保护材料比热容：1100；

保护材料密度：400；

保护材料厚度：0.025；

保护材料热导率：0.1。

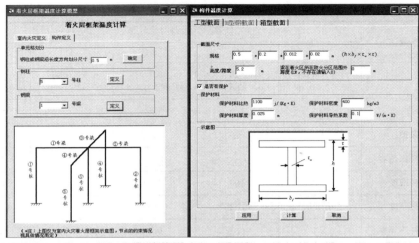

点击"应用"按钮，系统将输入数据进行存储，然后点击"计算"按钮，完成 1 号钢梁的温度计算，并弹出"计算完成"对话框，点击"确定"完成计算，并将计算数据进行存储。

⑬ 重复步骤⑪和⑫完成 4 根钢梁的温度计算。输入数据如表 6-8 所示。

表 6-8　算例二钢梁温度计算输入数据

参　　数	柱号			
	1	2	3	4
规格	0.5×0.2×0.012×0.02	0.5×0.2×0.012×0.02	0.5×0.2×0.012×0.02	0.5×0.2×0.012×0.02
高度/跨度	5.2	6	4.5	5.7
梁在着火区所在防火分区范围外跨度	0	0	0	0
是否有保护	是	是	是	是
保护材料比热容	1100	1100	1100	1100
保护材料密度	400	400	400	400
保护材料厚度	0.025	0.025	0.025	0.025
保护材料热导率	0.1	0.1	0.1	0.1

至此，完成所有构件的温度计算，可关闭所有对话框，返回至主界面。

⑭ 按照第一节中有色炉料热作用下 6 层框架柱的耐火稳定性计算步骤⑭～⑯进行后半部分的计算。

三、计算结果分析

1. 室内火灾温度

输入火灾荷载、通风系数和砖墙面积比等相关参数，系统利用第二章中所介绍的民用建筑一般室内火灾轰燃后的火灾温度计算模型，计算出火灾温度，如图

6-10 即为本节工况下室内火灾温度-时间曲线。

2. 构件温度场分析

图 6-11 为由系统分析计算所得底层框架在图 6-10 所给出的一般室内火灾作用下各构件平均温度-时间曲线。其中，图 6-11(a) 为钢柱平均温度-时间曲线，图 6-11(b) 为钢梁平均温度-时间曲线。计算中均考虑了 0.025m 厚的耐火保护材料。由图中可以看出，钢柱和钢梁的温度均在 350min 左右时

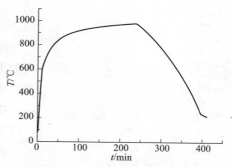

图 6-10　系统分析计算所得室内火灾温度-时间曲线

达到了最高温度，滞后于图 6-10 中的室内温度。钢柱平均温度计算结果表明，Z_1、Z_2、Z_3 和 Z_5 号柱的温度随时间变化值一样，Z_4 号柱温度明显低于其他各柱。这是由于 Z_1、Z_2、Z_3 和 Z_5 号柱规格相同，且其表面面积大于 Z_4 号柱，即 Z_1、Z_2、Z_3 和 Z_5 号柱受室内火灾传热面积较大，传导入钢柱的热量较多，因此温度高于 Z_4 号柱。4 根钢梁的平均温度一致，这也是由于 4 根钢梁规格相同，受同一火作用，温度计算结果即相同。

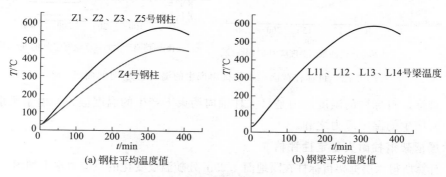

図 6-11　一般室内火灾作用下底层框架构件温度场

3. 温度应力分析

同上节所述，系统在计算轴向作用下的温度应力时，将整体框架拆分成四个轴向对称框架。设 A-B 跨生成的对称框架为 K_1 号框架，B-C 跨生成的对称框架为 K_2 号框架，B-D 跨生成的对称框架为 K_3 号框架，B-E 跨生成的对称框架为 K_4 号框架。通过第四章温度应力的计算模型得知，轴向约束下温度应力水平跟钢柱的平均温差有关。由上述各构件平均温度计算结果可知，除 K_4 号框架中柱与边柱存在温度差以外，其他 K_1、K_2 和 K_3 号框架中柱与边柱温度一致，不会对框架中柱产生轴向约束作用下的温度应力。经计算，K_4 号钢框架中柱轴向约束温度应力如图 6-12 所示。

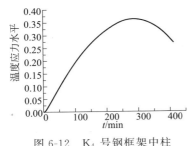

图 6-12 K₄ 号钢框架中柱
轴向约束温度应力

计算总温度应力水平时，利用第四章式（4-30）计入总温度应力水平。

图 6-13 即为目标柱不同高度截面处随时间的推移，由钢梁水平推力所产生的温度应力。横跨是指图 6-1 中水平方向框架。图 6-13（a）中温度应力正号表示柱子上侧受压。图 6-13（b）中温度应力正号表示柱子左侧受压。

由于目标柱各板件受火条件基本相同，因此基本不存在温度差，也不产生由截面温度差所产生的温度应力。

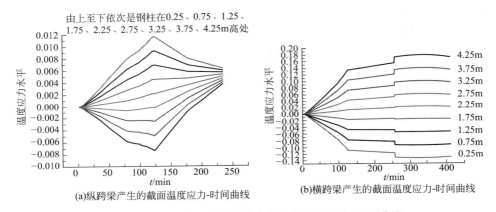

由上至下依次是钢柱在0.25、0.75、1.25、1.75、2.25、2.75、3.25、3.75、4.25m高处

(a)纵跨梁产生的截面温度应力-时间曲线

(b)横跨梁产生的截面温度应力-时间曲线

图 6-13 目标柱截面梁水平推力产生的温度应力-时间曲线

最终，目标柱的温度应力是目标柱轴向约束下产生的温度应力和由于梁水平推力所产生的温度应力之和。

4. 六层框架钢柱耐火稳定性评估

计算所得六层框架目标柱在距地面 4.25m 处随温度变化的总应力水平如图 6-14。

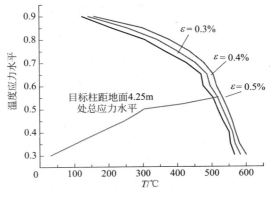

$\varepsilon = 0.3\%$

$\varepsilon = 0.4\%$

$\varepsilon = 0.5\%$

目标柱距地面4.25m
处总应力水平

图 6-14 钢柱耐火稳定性判定曲线

该点在保护材料不失效的情况下，约246min时最高温度已达到507℃，总应力水平为0.55，已超过材料强度，处于失效状态。

第三节　系统构件温度计算分析

本节利用钢框架柱耐火稳定性评估系统，分别计算炉料热作用和一般室内火灾作用时，不同参数条件下钢构件的温度，并对计算结果进行对比分析。

一、炉料热作用下钢构件温度

本节在计算炉料热作用下钢构件的温度时，以钢柱为例。炉料热参数选取如下：熔化热 $G=251000J/kg$，容重 $\rho=3350kg/m^3$，灰度 $\varepsilon=0.66$，初始温度 $T_1=1250℃$，热熔 $c=1100J/(kg·℃)$，厚度 $h=0.5m$，炉料长度 $l=8m$，宽度 $w=3m$。

1. 柱规格对钢柱温度影响

热作用工况1：钢柱为I类设置形式 H 型钢柱，钢柱与炉料池相对位置如图6-15所示，其中钢柱与炉料池保持轴对称，即钢柱处于炉料池长度方向的中心位置，钢柱与炉料水平距离：$s=0.5m$，分别计算表6-9中各规格钢柱的平均温度。

表6-9　热作用工况1计算钢柱规格

编号	规格/mm	柱高/m
a_1	500×300×20×20	4.5
a_2	600×300×20×20	4.5
a_3	700×400×30×30	4.5
a_4	800×400×40×40	4.5
a_5	900×500×50×50	4.5

在系统中输入以上各参数，计算各规格钢柱的平均温度-时间曲线如图6-16所示。

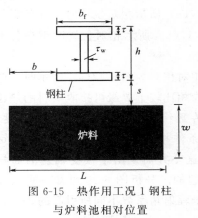

图 6-15　热作用工况1钢柱
与炉料池相对位置

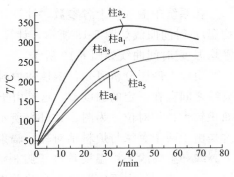

图 6-16　热作用工况1各柱
平均温度-时间曲线

以上钢柱温度计算过程中，炉料热辐射强度保持不变，影响钢柱平均温度的主要因素有构件截面面积和热辐射受热面面积。柱 $a_1 \sim a_5$，截面面积逐渐增大，若接受辐射热量相同，则钢柱平均温度应该由 a_1 递减至 a_5。但各钢柱实际受热辐射过程中截面面积增大的同时，辐射受热面面积也相应地有所增加，钢柱温度计算结果是两个因素叠加的结果，因此出现了柱 a_2 与 a_1 温度计算结果几乎相同，a_4 与 a_5 温度计算结果也非常接近，根据实际计算数据，a_2 还略高于 a_1。在实际工程耐火设计过程中，钢构件规格的选定应通过实际计算，选取最优结果。在实际工程耐火安全评估中，钢构件在热作用下的温度应以实际工况为条件，通过数值计算予以准确评估。

2. 柱形式对钢柱温度影响

热作用工况 2：钢柱规格为 $0.5\text{m} \times 0.5\text{m} \times 0.02\text{m} \times 0.02\text{m}$，柱高 4.5m，钢柱与炉料池保持轴对称，即钢柱处于炉料池长度方向的中心位置，钢柱与炉料水平距离，$s = \text{m}$。分别计算钢柱为 Ⅰ 类设置形式 H 型钢柱和 Ⅱ 类设置形式 H 型钢柱的温度，其相对位置分别如图 6-17(a) 和（b）所示。

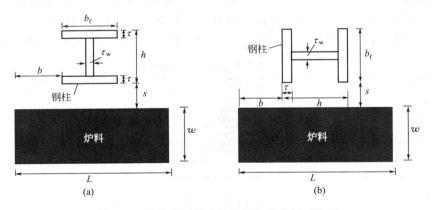

图 6-17　热作用工况 2 钢柱与炉料池相对位置

在系统中输入以上各参数，计算如图 6-17(a) 所示相对位置时钢柱各板件平均温度-时间曲线如图 6-18 所示，计算如图 6-17(b) 所示相对位置时钢柱各板件平均温度-时间曲线如图 6-19 所示。

由以上两图分析可知：钢柱和炉料池的相对位置为图 6-17(a) 所示时，两个翼缘之间存在一定的温度差，这是由于下翼缘相比较上翼缘可接收炉料的热辐射面积较大；相对位置为图 6-17(b) 所示时，左翼缘和右翼缘之间不存在温度差，这是由于两个翼缘与炉料轴对称，辐射受热条件相同。分析图 6-19 可知，钢柱下翼缘和上翼缘平均温度均高于腹板温度，这一方面是由于接受辐射的面积不同，另一方面是由于辐射角系数的差别所引起的。分析图 6-19 可知，腹板平均温度高于两个翼缘的平均温度，这主要是由于辐射角系数不同所引起的。

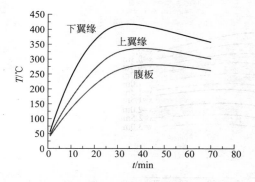

图 6-18　Ⅰ类设置形式 H 型钢柱各板件
平均温度-时间曲线

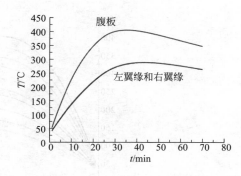

图 6-19　Ⅱ类设置形式 H 型钢柱各板件
平均温度-时间曲线

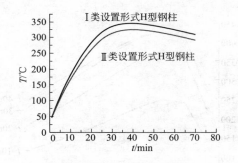

图 6-20　两种设置形式钢柱平均温度-时间曲线

如图 6-20 为以上两种设置形式 H 型钢柱平均温度-时间曲线，由图中分析可知，两种设置形式钢柱的平均温度相差不大，Ⅰ类设置形式钢柱略高于Ⅱ类设置形式钢柱的温度。但由上述分析可知，两者截面温度差却有着较大差异，在结构耐火设计时应对这一特性重点关注。

3. 炉料与柱水平距离对钢柱温度影响

仍然采用热作用工况 2 钢柱和炉料各参数，仅改变炉料与钢柱之间的水平距离，利用系统分别计算 $s=0.1m$、$0.3m$、$0.5m$、$0.7m$、$1m$ 时Ⅰ类设置形式 H 型钢柱的平均温度时间曲线，计算结果如图 6-21 所示。

分析图 6-21 曲线可知，随炉料与钢柱水平距离的增大，钢柱平均温度逐渐降低，值得注意的是，水平距离由 0.1m 增大到 3m 时，钢柱平均温度最高值由 402℃降低为 148℃。因此，水平距离对钢柱温度具有较大影响，这成为保证结构在高温下安全可靠的重要手段。

4. 柱沿竖向高度平均温度的分布

仍然采用热作用工况 2 钢柱和炉料各参数，利用系统计算Ⅰ类设置形式 H 型钢柱在不同时刻温度沿高度的分布曲线，计算结果如图 6-22 所示。

由于系统计算结果为单元格平均温度，图 6-22 绘制过程中将单元格平均温

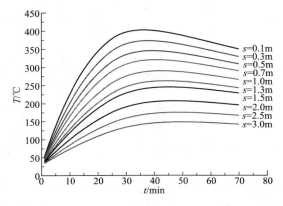

图 6-21　不同水平距离时钢柱平均温度-时间曲线

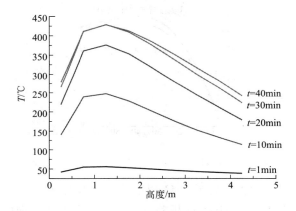

图 6-22　钢柱温度沿高度分布曲线

度视为其中心点温度，因此形成上图点与点之间连线产生的折线图。分析图中曲线，钢柱的最高温度出现在其距地面 1.25m 高处，因此，如要提高构件安全可靠性，可首先考虑对该处附近采用相应的防火保护。

二、一般室内火灾作用下构件温度

1. 火灾荷载和通风系数对室内火灾的影响

本书第二章第二节中已经详细叙述了民用建筑一般室内火灾轰燃后的火灾温度计算模型，根据以上所述方法，编程计算可得火灾层砖墙面积与内表面面积之比为 0.2，通风系数为 $0.05\mathrm{m}^{1/2}$，火灾荷载密度分别为 $150\mathrm{MJ/m^2}$、$200\mathrm{MJ/m^2}$、$250\mathrm{MJ/m^2}$、$300\mathrm{MJ/m^2}$、$350\mathrm{MJ/m^2}$、$400\mathrm{MJ/m^2}$、$450\mathrm{MJ/m^2}$、$500\mathrm{MJ/m^2}$、$550\mathrm{MJ/m^2}$、$600\mathrm{MJ/m^2}$、$650\mathrm{MJ/m^2}$、$700\mathrm{MJ/m^2}$ 时一般室内火灾轰燃后的平均温度-时间曲线，如图 6-23 所示。

同样编程计算可得火灾层砖墙面积与内表面面积之比为 0.2，火灾荷载密度为 500MJ/m²，通风系数为 0.03m^{1/2}、0.04m^{1/2}、0.05m^{1/2}、0.06m^{1/2}、0.07m^{1/2}、0.08m^{1/2}、0.09m^{1/2}、0.1m^{1/2} 时一般室内火灾轰燃后的平均温度-时间曲线，如图 6-24 所示。

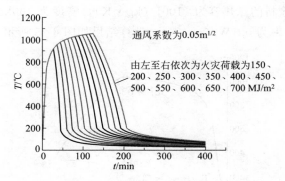

图 6-23　不同火灾荷载密度下房间平均温度-时间曲线

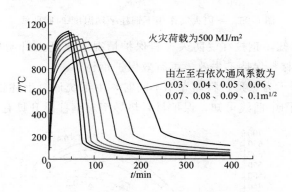

图 6-24　不同通风系数下房间平均温度-时间曲线

由图 6-23 和图 6-24 分析可知：

① 火灾荷载密度和房间的通风系数是影响室内火灾发展的两个最重要的因素。

② 在房间的通风系数不变的情况下，火灾荷载越大，轰燃后火灾的持续时间就越长，温度越高，对建筑物的破坏损伤作用越大，对相应的建筑构件的耐火能力要求越高。

③ 在火灾荷载密度不变情况下，房间的通风系数越大，火灾温度虽高，但轰燃后火灾持续的时间就越短，从开口向外散发的热量也越多，在一定条件下对建筑物破坏损伤作用反而要小，对相应的建筑构件的耐火能力要求越低。因此在一定条件下，对实际结构耐火性能进行评估时，可考虑通过增加通风口面积的方法，提高构件耐火性能。

2. 保护材料对构件温度的影响

以上述通风系数为 0.05m^{1/2}，火灾荷载密度为 500MJ/m²，火灾层砖墙面积与内表面面积之比为 0.2，系统计算所得室内平均温度-时间曲线为火作用，计算工字型钢柱平均温度-时间曲线，钢柱规格为 0.5m×0.5m×0.02m×0.02m，柱高 4.5m。其他条件相同下，计算钢柱受防火涂料保护时的平均温度-时间曲线，所使用防火涂料的比热容为 1100J/(kg·K)，密度为 400kg/m³，保护厚度为 0.025m，热导率为 0.1W/(m·K)。计算结果如图 6-25 所示。

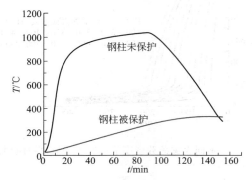

图 6-25　室内火灾作用下钢柱平均温度-时间曲线

由图 6-25 可知，钢柱在受防火材料保护情况下温度上升明显慢于未受保护情况下，如防火材料保持不失效，可有效保护钢柱。

如图 6-26 所示为保护材料热导率不同时，由系统计算上述钢柱的平均温度-时间曲线。由上图中曲线可知，保护材料热导率对钢柱温升具有较大影响。

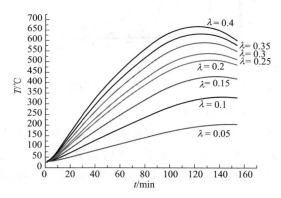

图 6-26　保护材料热导率不同时钢柱平均温度-时间曲线

第四节　系统轴向约束温度应力计算分析

本书第四章已介绍，钢柱轴向约束作用下的温度应力主要与初始应力水平、轴向约束刚度、长细比和与相邻构件温差 4 个因素相关，本节在分析轴向约束框架柱温度应力时，也从以上 4 个方面考虑。

1. 层数对框架柱温度应力影响

　　以本章第一节所述工程案例分析为例，将框架各跨参数保持不变，利用软件计算结构为一层、二层至六层时的钢框架目标柱轴向约束温度应力的变化。结果如图 6-27 所示。

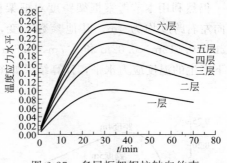

图 6-27　多层框架钢柱轴向约束
下产生的温度应力水平

　　由图 6-27 分析可知，框架层数越多，轴向约束下的温度应力越大。原因就是随着层数的增加，约束刚度变大，产生的温度应力就会越大。随层数增加，温度应力增加幅度变小，层数大于 6 层时，可以按 6 层计算。

2. 框架跨度对框架柱温度应力影响

　　仍然以本章第一节所述工程为例，为简化过程，并能够单一考虑跨度对框架中柱轴向约束温度应力的影响，其他工程参数不变，框架结构改为 2 层，且纵向和横向左右跨跨度均相同，如图 6-28 所示。

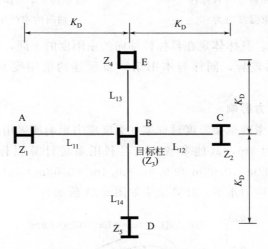

图 6-28　计算工程底层框架示意图

　　为简化过程，在利用系统计算框架中柱轴向约束作用下的温度应力水平时，不再计算炉料热作用下各构件的温度，直接利用本章第一节工程计算所得各构件随时间推移的平均温度，将其导入系统，分别计算各跨度为 4m、5m、6m、7m 时，由轴向约束作用下目标柱的温度应力水平-时间曲线。计算结果如图 6-29 所示。

　　由图 6-29 中曲线分析可知，跨度越小目标柱由轴向约束作用下产生的温度应力越小，这是由于跨度越大，目标柱轴向约束刚度越小，这与本书第四章所述约束刚度对温度应力的影响一致。

3. 梁规格对温度应力影响

仍然利用本节考察框架跨度对框架柱温度应力影响所采用案例,确定工程纵横向左右跨度均为 4m,其他参数不变,利用系统计算钢梁规格分别为 0.5m×0.2m×0.012m×0.02m 和 0.7m×0.5m×0.03m×0.03m 时目标柱由轴向约束作用下产生的温度应力水平,计算结果如图 6-30 所示。

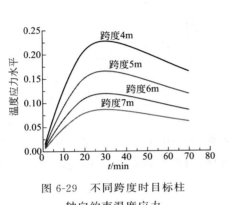

图 6-29　不同跨度时目标柱
轴向约束温度应力

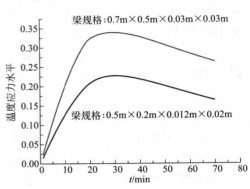

图 6-30　梁不同规格时目标柱
轴向约束产生温度应力

梁规格的不同,具体体现在目标柱轴向约束刚度的不同,由图中曲线分析可知,其计算结果的差异,同样与本书第四章所述约束刚度对温度应力的影响一致。

4. 柱规格对温度应力影响

仍然利用本节考察框架跨度对框架柱温度应力影响所采用案例,确定工程纵横向左右跨度均为 4m,其他参数不变,利用系统计算目标钢柱规格分别为 0.6m×0.3m×0.02m×0.02m 和 0.6m×0.4m×0.03m×0.03m 时由轴向约束作用下产生的温度应力水平,计算结果如图 6-31 所示。

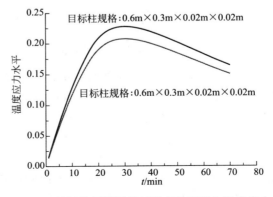

图 6-31　目标柱不同规格时轴向约束产生温度应力

目标柱规格的不同，具体体现在其长细比的不同，由图中曲线分析可知，长细比较大的目标柱由轴向约束作用下产生的温度应力大于长细比较小的目标柱，这与本书第四章所述长细比对温度应力的影响一致。

5. 初应力水平对温度应力影响

继续利用本节考察框架跨度对框架柱温度应力影响所采用案例，确定工程纵横向左右跨度均为 4m，其他参数不变，利用系统计算目标钢柱初始应力水平分别为 0.3 和 0.5 时由轴向约束作用下产生的温度应力水平，计算结果如图 6-32 所示。

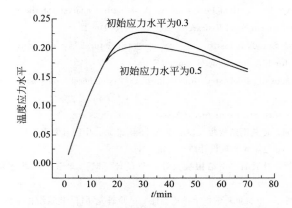

图 6-32　不同初始应力水平时轴向约束产生温度应力

由图中曲线分析可知，初始应力水平不同时，两条曲线在初始阶段基本重合，初应力水平越小，温度应力峰值越大，这与本书第四章所述初始应力水平对温度应力的影响一致。

参 考 文 献

[1] 黄旭芒. 建筑钢结构发展应用及其用材概述 [J]. 江苏冶金，2003，31（2）：1-5.

[2] 陈禄如，刘万忠. 中国钢结构行业现状和发展趋势 [J]. 钢结构，2004，19（2）：31-35.

[3] 屈立军，李焕群. 我国钢结构耐火设计方法评述 [J]. 武警学院学报，2005，21（1）：35-37.

[4] 公安部消防局. 中国消防年鉴 [M]. 2016.

[5] 建筑设计防火规范（GBJ 16-87）[S]. 北京：中国建筑工业出版社，2001.

[6] 高层民用建筑设计防火规范（GB 50045-95）[S]. 北京：中国计划出版社，2005

[7] 屈立军. 建筑结构性能化耐火设计. 河北：中国人民武装警察部队学院 [M]，2003

[8] GLIEM，USMAN IA S，ROTTER JM. A. A structural analysis of the first Cardington test [J]. Journal of Constructional Steel Research，2001，57：581-601.

[9] BSI 1990，British Standard Institution，BS 5950：Structural Use of Steelwork in Building，Part 8. Code of Practice for Fire Resistance Design [S].

[10] Eurocode3：Design of steel structures：Part 1. 2：General rules structural fire design [S]. ENV 2000.

[11] Australian Standard：Steel structure（AS4100-1990）[S].

[12] CECS 200：2006，建筑钢结构防火技术规范 [S]. 北京：中国计划出版社，2006.

[13] GB50630-2010，有色金属工程设计防火规范 [S].

[14] 李国强，蒋首超，林桂祥. 钢结构抗火计算与设计 [M]. 北京：中国建筑工业出版社，1999：70-76.

[15] 李晓东，董毓利等. 单层单跨钢框架抗火性能的试验研究 [J]. 建筑结构学报，2006，12：39-47.

[16] 范明瑞，董毓利等. 单层钢框架火灾行为的试验研究 [J]. 青岛理工大学学报，2006，3：19-23.

[17] 李晓东，董毓利. 单室受火对双层双跨组合钢框架抗火性能的影响 [J]. 实验力学，2007，2：27-37.

[18] 董毓利，李晓东. 同跨受火时两层两跨组合钢框架抗火性能的试验研究 [J]. 结构力学学报，2007，10：14-23.

[19] 董毓利，李晓东. 组合钢框架火灾时破坏机理实验研究 [J]. 实验力学，2007，10：463-471.

[20] 王卫永，董毓利，于克强. 钢结构节点火灾下的升温试验研究与理论分析 [J]. 青岛理工大学学报，2006，2：31-34.

[21] 李晓东，董毓利等. 钢框架边节点抗火性能的试验研究 [J]. 实验力学，2007，2：13-19.

[22] 王卫永，董毓利等. 焊接钢框架边节点抗火性能试验 [J]. 东南大学学报，2007，3：240-244.

[23] 李晓东，董毓利等. 柔性连接钢梁火灾行为的试验研究 [J]. 西安建筑科技大学学报，2005，6：169-173.

[24] C. G. Baily，D. B. Moore，T. lennon. The structural behavior of steel columns during a compartment fire in a multi-storey braced steel-frame [J]. Journal of Constructional Steel Research，52（1999）：137-157.

[25] J. C. Valente，I. C. Neves. Fire resistance of steel columns with elastically restrained axial elongation and bending [J]. Journal of Constructional Steel Research 1999，52：319-331.

[26] SIMMS W. I. An Experimental Investigation of Axially Restrained Steel Columns in Fire [D] Ulster：University of Ulster，1997.

[27] RODRIGUES J. P.，NEVES I. C.，VALENTE J. C. Experimental Research on the Critical Temperature of Compressed Steel Columns with Restrained Thermal Elongation [J]. Fire Safety Journal，

2000，25（2）：77-98.

[28] TAN K. H. Fire Resistance of Steel Columns Subjected to Different Restraint Ratios［C］ CHANG KOON C. The Second International Conference on Steel and Composite Structures，Seoul：Technology Press，2004：110-119.

[29] 李晓东，董毓利，田砾，吕俊利. H 型截面钢柱抗火性能的试验研究［J］. 工业建筑，2006 年第 7 期：75-78.

[30] 李晓东. H 型截面钢框架的抗火性能的试验研究及非线性有限元分析（D）. 西安：西安建筑科技大学，2006.

[31] 李国强，张超. 约束钢构件在火灾下的性能研究及其抗火设计方法［C］. 第五届全国钢结构防火及防腐技术研讨会暨第三届全国钢结构抗火学术交流会论文集. 济南，2009：1-18.

[32] 屈立军，李焕群，李胜利等，轴向约束钢柱温度应力试验研究［R］. 廊坊：中国人民武装警察部队学院，2011.

[33] 蒋首超，李国强. 局部火灾下钢框架温度内力的实用计算方法［J］. 工业建筑，2000 年 9 期：56-61.

[34] 李国强，张宏德. 局部火灾下钢框架中上翼缘无侧移工字梁的极限状态计算［J］. 建筑结构学报，1997（8）：23-25.

[35] 李国强，金福安. 火灾时刚框架结构的极限状态分析［J］. 土木工程学报，1994 年第 1 期：49-56.

[36] 屈立军，潘翀，李焕群. 强约束轴心受压钢管柱耐火性能试验研究［J］. 土木工程学报，2012，45（1）：42-48.

[37] 李国强，丁军. 耐火钢柱的抗火性能参数分析与抗火临界温度估计［J］. 建筑钢结构进展，2004，6：19-21.

[38] 李国强，蒋首超. 非均布高温钢结构梁单元切线刚度方程［J］. 同济大学学报，1999 年第 1 期：1-5.

[39] 计琳，Tan Kang Hai，赵均海. 热轧槽钢柱在轴向约束下的抗火分析［J］. 西安建筑科技大学学报，2007，2：98-103.

[40] 计琳，赵均海，翟越，李新忠. 轴向约束对钢结构柱抗火性能的影响［J］. 建筑科学与工程学报，2006 年第 4 期：64-69.

[41] 计琳，叶明华，赵均海. 基于有限元的无保护层钢结构柱抗火分析［J］. 广西大学学报（自然科学版），2006 年第 2 期：172-176.

[42] Chi Kin Iu，Siu Lai Chan. A simulation-based large deflection and inelastic analysis of steel frames under fire［J］. Journal of Constructional Steel Research，60（2004）：1495-1524.

[43] 杨秀萍，郝淑英等. 火灾下整体钢框架结构性能的模拟方法［J］. 工业建筑，2006，36（8）：71-73.

[44] 赵金城，沈祖炎. 局部火灾下钢框架结构整体性能的非线性分析［J］. 建筑结构学报 1997 年第 4 期：30-36.

[45] 赵金城，沈为平. 高温下钢框架结构非线性有限元分析［J］. 上海交通大学学报，1996 年第 8 期：55-59.

[46] 李莉. 火灾对钢结构的反应分析［J］. 甘肃科技，2007 年 10 期：93-94.

[47] 陈玲，张卓，郭海喆，李敬然，王鹏林. 整体钢框架结构在火灾下响应的有限元研究［J］. 机械设计. 2005 年 06 期：16-18.

[48] 汪敏，石少卿，肖丹. 局部火灾作用下钢框架的反应分析［J］. 四川建筑科学研究，2007 年 1 期：74-76.

[49] 肖林峻. 温度沿截面分布形式对钢柱受火性能影响分析［J］. 四川建筑科学研究，2010，36

　　(2)：99.

[50] 屈立军，李焕群. 国产 Q345 钢在不同热-力路径下的材料性能对比和材料模型应用 [J] ，火灾科学，2010，19（1）：19-26.

[51] 刘红雅. 有色金属企业钢结构厂房在炉料热作用下钢构件温度分布研究 [D]. 廊坊：中国人民武装警察部队学院，2005.

[52] 屈立军，刘红雅，刘效铎，高帅. 有色冶炼厂房事故坑附近工字钢柱在炉料热作用下的耐火稳定性验算，建筑钢结构进展 [J]. 2009，11（5）：41-48.，2009，11（5）：41-48.

[53] 同济大学等编，锅炉及锅炉房设备 [M]，中国建筑工业出版社，1979.

[54] Magnusson，S. E. and Thelandersson，S.，Temperature-Time Curves for Complete Process of Fire Development. A theoretical study of Wood Fuel Fires in Enclosed Spaces [J]. Acta Polytechnicia Scandinavica，Ci65，Stockholm 1970.

[55] 孙金香等译，建筑物综合防火设计 [M]，天津科技翻译出版公司，1994.

[56] QU Lijun，Fire Resistance Requirements Derived from Engineering Calculation for Performance-Based Fire Design of Steel Structures [C]，PROGRESS IN SAFETY SCIENCE AND TECHNOLO-GY（VOL IV），2004. 10.

[57] 天津消防科研所，钢筋混凝土构件耐火性能试验研究 [Z]，1992-1993.

[58] GB50017-2003，钢结构设计规范 [S]. 北京：中国建筑工业出版社，2003.

[59] 王勇，黄炎生. 结构分析的计算机方法 [M]. 广州：华南理工大学出版社，2005：154-164.

[60] 屈立军，李焕群，王跃琴等. 国产钢结构用 Q345（16Mn）钢高温力学性能的恒温加载试验研究 [J]. 土木工程学报，2008，41（7）：33-40.

[61] 屈立军，李焕群，Q345（16Mn）钢在恒温加载条件下的应力-应变曲线和弹性模量 [J]. 火灾科学 2009，18（4）187-191.

[62] 屈立军，李焕群，王跃琴等. 国产钢结构用 Q345（16Mn）钢在恒载升温条件下的应变-温度-应力材料模型 [J]. 土木工程学报，2008，41（7）：41-47.

[63] 潘翀. 强约束轴心受压钢柱耐火性能试验研究与数值模拟 [D]. 廊坊：中国人民武装警察部队学院，2009.

[64] 屈立军，李焕群，Q345（16Mn）钢在恒温加载条件下的应力-应变曲线和弹性模量 [J]. 火灾科学 2009，18（4）187-191.

[65] 中国金属学会. 发展钢结构建筑—建设绿色家园 [J]. 金属世界，2009，(1)：80-82.

[66] 屈立军. "9·11"世贸大楼坍塌原因数值分析 [J]. 武警学院学报，2004，(4)：5-7.